无菌医疗器械
初包装选择指南

中国医疗器械行业协会医用高分子制品专业分会◎编著

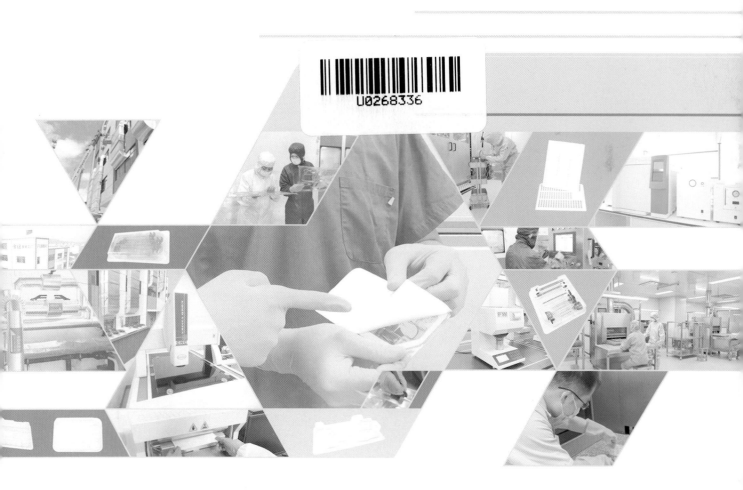

U0268336

经济管理出版社
ECONOMY & MANAGEMENT PUBLISHING HOUSE

图书在版编目（CIP）数据

无菌医疗器械初包装选择指南/中国医疗器械行业协会医用高分子制品专业分会编著．—北京：经济管理出版社，2023. 11

ISBN 978-7-5096-9502-9

Ⅰ.①无…　Ⅱ.①中…　Ⅲ.①医疗器械—无菌技术—包装—指南　Ⅳ.①TH77-62

中国国家版本馆 CIP 数据核字（2023）第 236008 号

组稿编辑：张馨予
责任编辑：张馨予　王虹茜
责任印制：黄章平
责任校对：王淑卿

出版发行：经济管理出版社
　　　　　（北京市海淀区北蜂窝 8 号中雅大厦 A 座 11 层　100038）
网　　址：www. E-mp. com. cn
电　　话：（010）51915602
印　　刷：唐山玺诚印务有限公司
经　　销：新华书店
开　　本：880mm×1230mm/16
印　　张：12. 75
字　　数：337 千字
版　　次：2024 年 1 月第 1 版　　2024 年 1 月第 1 次印刷
书　　号：ISBN 978-7-5096-9502-9
定　　价：88. 00 元

编委会

中国医疗器械行业协会医用高分子制品
专业分会简介

　　中国医疗器械行业协会医用高分子制品专业分会（下称分会）是中国医疗器械行业协会下属机构。由从事医用输液输血器具、注射穿刺器具、体外循环管路、医用导管、介入器材、麻醉耗材、医用缝合材料、包装材料、润滑及胶粘材料、灭菌消毒设备及其他医用高分子制品等生产企业和与上述企业相关的上下游企业、科研单位、医疗器械检测所等单位或个人自愿组成的全国性无菌医疗器械产业组织。

联系方式：
电话：010-68330336
邮箱：gaofenzizhipin@camdi.org
网址：www.cncamda.org

公众号：

序

无菌医疗器械是医疗器械制造企业以无菌状态提供的医疗器械产品，其包装通常包括大包装、中包装和与器械直接接触的初包装。本书的撰写范围是无菌医疗器械初包装，无菌医疗器械初包装是防止微生物进入并能使产品在使用时无菌取用的最小包装。国际、国家标准定义为"无菌屏障系统"，国际上无菌包装已被公认为"医疗器械组成的一部分"，有些国家将预成型无菌屏障系统纳入二类医疗器械管理，确保灭菌后能在一定期限内维持器械的无菌状态。有效的无菌包装系统能确保医疗器械的安全性与有效性，将与医疗相关感染的风险降低到最低程度。

2005年之前，尽管我国无菌医疗器械已走过30多年的历程，但国人对无菌医疗器械包装的认识模糊，存在许多误区，使我国无菌医疗器械包装长期处于混乱状态，与国际不同步，差距甚远。

2005年9月，中国医疗器械行业协会医用高分子制品分会会同美国杜邦公司和北京国医械华光认证有限公司（原中国医疗器械质量认证中心）在北京主办了"医疗器械灭菌包装专题研讨会"，美国专家、ISO 11607标准起草人宣讲了ISO 11607和欧盟EN 868系列标准，与会代表意识到我国无菌医疗器械初包装与国际上的差距。医用高分子制品行业是制造无菌医疗器械的主体，为了实现我国无菌医疗器械初包装满足临床要求，并与国际同步，同时扩大国际市场，建议国家尽快发布ISO 11607转化的GB/T 19663-2005国家标准。同时建议和派出标准化专家参与全国医用输液、输血器具标准化技术委员会转化EN 868系列标准。2006年，全面启动欧洲EN 868-2至EN 868-10等9项系列标准采标；2009年发布转化为行标的YY/T 0698.2至YY/T 0698.10系列标准。之后又制定YY/T 0698.1-2011吸塑包装共挤塑料膜标准，共建立10项最终灭菌医疗包装材料（包括片材和预成形无菌屏障系统）标准。自2009年以来，又先后转化18项ASTM最终灭菌医疗器械包装的试验方法标准（为YY/T 0681.1至YY/T 0681.18系列标准）和2项最终灭菌包装热封参数确认的标准（分别为YY/T 1432-2016和YY/T 1433-2016）。这些标准体系的构建使我国无菌医疗器械初包装的发展进入新的历史时期。

为了尽快和正确实施这些系列标准，医用高分子制品分会多次举办标准培训班，制定无菌医疗器械初包装材料制造商的生产质量管理规范，指导包装设备制造商设计制造与标准相适应的包装设备。建议相关标准化技术委员会在制修订无菌医疗器械产品标准时，将含有透析功能的纸塑初包装形式纳入强制性要求条款。以剥离式的纸塑初包装替代撕开式的塑料袋初包装，实现产品具备无菌取用性能，与国际接轨。

国内的无菌屏障系列标准基本满足初包装设计的要求，但设计符合标准要求的初包装是一项很复杂的工程。系列标准发布以后，材料、产品和设备制造商实施标准是积极的，也取得了可观成果。笔者参与了EN 868系列标准的转化，多次组织无菌屏障系列标准的培训班，但还是频频接到关于无菌医疗器械初包装设计的咨询，反映企业在实施标准中遇到的各种问题。在医疗器械生产质量管理规范现场检查中，药监局检查人员也认为企业在初包装方面的知识是欠缺的，甚至是空白的，表示需要更多的有关灭菌产品初包装培训，以提高行业内产品包装的整体水平。

标准培训班偏重于标准的解释，包装设计者只徘徊在标准层面上，缺乏实战性层面的知识，迈不开应用设计的脚步。于此，笔者萌生了编写《无菌医疗器械初包装选择指南》（以下简称《指南》）的想法，其目的是指导无菌医疗器械初包装的设计者、应用者及管理者，深层次了解无菌医疗器械初包装各要素，准确选择与预期产品相适宜的包装材料、包装形式和灭菌工艺，使设计的初包装安全、有效。

为了把《指南》编写成一本具有实战性的工具书，分会秘书长李未扬主持召开了专题研讨会，确定由行业内有丰富实战经验的专家和企业包装设计师撰写。要求《指南》内容符合国家法规和标准要求，编写风格要图文并茂，具有直观性。内容要深入浅出，普及与提高相结合，满足不同层次人员的需求。要有材料（包括预成型材料）、设备和灭菌服务等供应商信息，方便产品制造企业选择供应商。

本《指南》遵循无菌医疗器械初包装材料选择的原则，从包装材料的微生物屏障、生物学相容性和毒理学、物理学、化学等特性，与成型或密封过程、与预期灭菌过程和标签系统的相适应性等方面，来阐述无菌医疗器械初包装材料的选择。

本《指南》由医用高分子制品分会专家闫宁先生主笔，分会标准化专家和企业包装设计师参与编写，笔者在此表示深深的谢意！

希望本《指南》能为从事无菌医疗器械初包装设计、应用和管理的朋友们带来一些有用的启迪。

对本《指南》中不足与疏漏之处，恳请读者不吝赐教。

中国医疗器械行业协会医用高分子制品专业分会总顾问

《指南》总策划　张洪辉

2023 年 5 月 18 日于温州

前　言

　　不同于一般工业产品的包装，初包装是无菌医疗器械的一个组成部分，对于保障医疗器械产品的安全性和有效性发挥着至关重要的作用。

　　首先，无菌医疗器械初包装要符合该产品在市场属地的法规要求，还要符合一系列标准要求。其次，无菌医疗器械初包装要具备一定的性能，如微生物屏障性能、生物安全性能、灭菌适应性能、加工和使用适应性能、一些确定的物理化学性能等。

　　无菌医疗器械包装由初包装和保护性包装两部分组成。无菌医疗器械的初包装是通过包装材料本身特殊的微生物屏障性能和密封的完好性共同构成的无菌屏障系统，确保无菌医疗器械自始至终保持无菌水平，并最终实现无菌使用的目的。

　　保护性包装是与无菌医疗器械非直接接触的外包装，用于保护无菌医疗器械产品和初包装不受损坏，如中包装、包装盒、外包装箱等。保护性包装主要是在运输、储存等过程中对无菌医疗器械产品和初包装起到保护作用，确保无菌医疗器械产品和初包装完好无损。

　　我国医疗器械监管部门历来重视无菌医疗器械包装，在《医疗器械注册与备案管理办法》《医疗器械说明书和标签管理规定》《医疗器械生产质量管理规范》等法规中都对医疗器械包装提出了具体要求。医疗器械监管部门也十分重视无菌医疗器械包装标准的制定和修订工作，先后将国际标准化组织、欧盟等发布的有关无菌医疗器械包装标准等同采用或修改转化为国家或行业标准，进一步规范了无菌医疗器械包装产业。对保障无菌医疗器械包装的安全性、有效性，推动我国无菌医疗器械产业的快速发展具有深远意义。

　　无菌医疗器械初包装领域涉及材料学、物理学、化学、微生物学等诸多学科，同时又关乎人民的健康和生命安全，因此为全面实施无菌医疗器械初包装的有关法规和系列标准，我们编写了本《指南》，旨在提高我国无菌医疗器械初包装的技术水平，促使我国无菌医疗器械包装产业有更大的进步和突破。

中国医疗器械行业协会医用高分子制品专业分会秘书长

李未扬

2023 年 9 月 20 日

上海建中医疗器械包装股份有限公司
Shanghai Jianzhong Medical Packaging Co., Ltd.

ABOUT US

June 2021 控股子公司 "建中（辽宁）科技有限公司" 成立	**Apr 2021** 子公司 "上海曜兴进出口贸易有限公司" 成立 控股子公司 "重庆建中医疗用品有限公司" 成立
July 2020 控股子公司 "爱诺美康生物科技（上海）有限公司" 成立	**June 2018** 子公司 "江苏建中医用材料有限公司" 成立
Apr 2017 《无菌屏障协会》会员	**Mar 2016** 《中国医疗器械行业协会 医疗器械包装专业委员会》 主要发起单位之一/副理事长单位
Oct 2014 年销售总额突破亿元	**Mar 2014** 子公司 "河南建中医疗器械包装有限公司" 成立
Dec 2013 子公司 "天津康帕医疗产品有限公司" 成立	**May 2013** "新三板"挂牌上市 全球百强医疗大股东：东富龙
Oct 2013 通过ISO14001质量管理体系认证	**July 2011** 子公司 "上海建中医疗器械包装股份 有限公司海湾分公司" 成立
June 2013 被认定为闵行区级研发机构	**Sept 2009** 评选为"高新技术企业"
Aug 2012 子公司 "上海建中恩帕克医用 包装材料销售有限公司" 成立	**June 2009** 参与起草行业标准-YY/T 0698
Oct 2008 获"五星级诚信企业"称号	**Sept 2008** 通过ISO13485质量管理体系认证
Apr 2006 获"中国包装名牌产品"称号	**Mar 2008** 子公司 "安帕克包装用品有限公司" 成立
1992 陈行工厂建立	**Dec 2007** 美国食品药品监督管理局产品准入 —FDA510K
1988 学办工厂建立	**1988** 上海建中成立

上海建中医疗器械包装股份有限公司创建于1988年,是中国最大的医疗器械灭菌包装生产厂商。主要产品包括医用纸塑袋、纸纸袋、铝箔袋、皱纹纸、无纺布及工厂类包装解决方案的设计与制造,适用于环氧乙烷、伽马射线、等离子体及高温蒸汽等灭菌方式。销售遍及国内医疗器械厂家及医疗机构,并出口到美国、欧洲、东南亚等五十多个国家和地区。2013年5月17日新三板成功挂牌。

Product family 产品系列

Packaging Material 组合型材料系列

顶头袋	Header Bag
中缝袋	Central - Seal Pouch
铝箔袋	Aluminum Foil Bag
纸纸袋	Paper Bag
单膜袋	Single Film Bag

Sterilization Indicator 灭菌监测类产品

B&D测试包	Bowie & Dick Test Pack
灭菌指示卡	Sterilization Indicator Strips
灭菌指示胶带	Autoclave Tape

Sterilization Packaging 医用灭菌包装系列

热封型灭菌袋	Heat Sealing Sterilization Pouches
自封型灭菌袋	Self Sealing Sterilization Pouches
热封型灭菌卷袋	Heat Sealing Sterilization Reel
特卫强灭菌袋	Tyvek Sterilization Pouches
医用灭菌皱纹纸	Wrapping Crepe Paper
医用灭菌无纺布	SMMMS Wrapping Sheets

Material Processing Technology 原料工艺

共挤	Co-extrusion
淋膜	Laminating
吹塑	Blow molding
复合	Compounding
涂胶	Coating
印刷	Printing

Medical Sealing Systems 医用热封设备

切封一体机	Automatic Cutting & Sealing Device
中英文打印封口机	Sealer with Chinese & English print - out
手动封口机	Easy Sealer (Permanent Heated)
封口切割工作站	Workstation

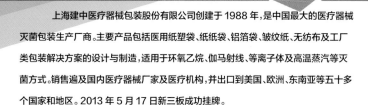

Industrial Packaging 工厂类包装

医用透析纸	Medical Grade Paper
复合膜材料	Composite Film
为医疗器械生产厂商提供包装方案	Packaging solution for medical device manufacturer
零涂层™灭菌包装系列	Uncoated Packaging Solutions

中意自动化
ZY AUTOMATION

高新技术企业

ISO9001:2015
质量体系认证

CE认证

医疗器械无菌包装生产线一站式解决方案

- ⚙ 中国医疗器械行业协会高分子制品分会理事单位
- ⚙ 中国医疗器械行业协会医疗器械包装专业委员会理事单位
- ⚙ 《医疗器械用泡罩包装机平板式》团体标准的第一起草单位
- ⚙ 国家高新技术企业
- ⚙ 浙江省专精特新中小企业

🏷 医用泡罩包装机
Blister packaging machine for medical devices

自动化生产线
Automatic packaging line

公司地址: 中国浙江杭州市下城区石桥路279号 1号楼A座   电话: 0571-85461601 / 85461602
联系人: 李先生 手机: 177 0641 2592   霍先生 手机 : 177 8858 2601
德清生产基地   地址: 浙江湖州市德清禹越工业开发区杭海路186号

厦门当盛新材料有限公司
XIAMEN DANGS NEW-MATERIALS CO., LTD.

当盛®Dawnsens®
医用灭菌包装材料

材料特性

当盛®Dawnsens®材料由100%高密度聚乙烯通过闪蒸法工艺制成超细聚乙烯纤维，热压后形成拥有致密三维立体网状结构的屏蔽材料，专为最终灭菌医疗包装和制药行业无菌转运包装而设计。

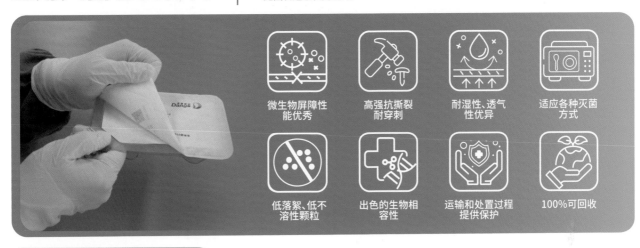

微生物屏障性能优秀　　高强抗撕裂耐穿刺　　耐湿性、透气性优异　　适应各种灭菌方式

低落絮、低不溶性颗粒　　出色的生物相容性　　运输和处置过程提供保护　　100%可回收

当盛®Dawnsens® M7001

当盛®Dawnsens® M7001为多数中高风险的医疗器械提供强大防护。通过连续的超细纤维形成致密的三维立体网状结构，使其具有绝佳的力学特性，同时能够确保包装在严苛环境中维持极高的微生物屏障水平，防止细菌微粒及其他微生物的渗透，在材料完整的情况下保持包装全生命周期的无菌状态。
- 主要应用形式有平面灭菌袋、卷袋和管袋、自动包装线卷材、吸塑盒盖材等。

当盛®Dawnsens® M8001

当盛®Dawnsens® M8001是厚型医用灭菌包装材料，能够为高风险医疗器械和制药行业提供最高级别的防护。材料具有更高的机械强度、抗静水压特性和阻菌性，能够有效防止尖锐器械或质量较重的植入类产品对包装造成的损伤，确保高风险产品全生命周期的无菌状态。
- 主要应用形式有湿热灭菌呼吸袋、吸塑盒盖材、预灌封注射器包装等。

行业领先地位

当盛新材始终坚持诚信为本、自主研发，持续提升自身的技术水平。截至2023年8月，公司拥有4项国际专利、13项授权发明专利、53项授权实用新型专利、8项软件著作权，另有24项专利正在申请中；承担10余项国家级省部级科研项目，获得23项国家及省部级荣誉。

- 2019年通过中国纺织工业联合会牵头、院士带队专家组"科技成果鉴定会"，获评总体技术达国际先进水平
- 2020年荣获"上海市科学技术奖"科技进步一等奖
- 2022年荣获"中国纺织工业联合会科学技术奖"技术发明一等奖
- 2022年"闪蒸法聚乙烯非织造布的产业化及在医疗灭菌包装材料的应用项目"荣获第九届"中国十大纺织科技奖"
- 2023年"用于最终灭菌包装的超细聚乙烯纤维屏蔽材料"项目获第六届中国医疗器械创新创业大赛决赛一等奖
- 2023年"超细聚乙烯纤维屏蔽材料"项目入围工信部、药监局生物医用材料揭榜挂帅单位（第一批）
- 2023年获评"闪蒸法非织造技术与装备研发基地"

Wechat
当盛公司

抖音
@Dangs 迪森纸®

INS
dangs.NewMaterials

Linkedin
Dangs NewMaterials

Facebook
Dangs NewMaterials

— www.dangs.com.cn —

Since 2000

全方位医疗器械无菌屏障
整体解决方案

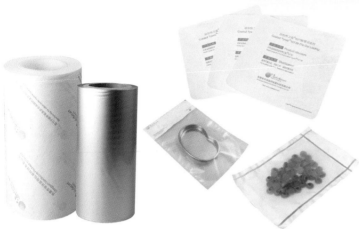

MDM自动包装用原材料 | MDM预成型包装 | 医用保护性包装 | GMP全流程超洁净包装

杜邦™Tyvek®特卫强®医疗医药包装合作加工商

　　东莞市安保医用包装科技有限公司(简称"安保医包")创立于2000年,公司专注于中高端无菌医疗器械无菌屏障系统的设计与制造,致力于协同客户设计并提供极其经济、安全并具有远见的无菌屏障方案,消除无菌医疗器械因无菌屏障系统失效而引起的医疗风险。

　　安保医包于2007年在国内先后建立总面积超过20000㎡的百级、万级、十万级GMP生产车间,完全实现了与不同风险等级医疗包装相匹配的生产环境,同时,公司拥有数百台专业化医疗包装生产和测试设备,其中包括高精度涂布设备、自动模切设备、特种医疗器械包装专用设备以及Steam、ETO、Plasma灭菌测试设备、全套微生物测试设备等,在满足无菌包装材料生产的高质量高产能基础上,提供专业、完整、规范的符合性检测。

管理体系

- ✓ **ISO13485、ISO11135、ISO17025质量管理体系认证**
  ISO13485、ISO11135、ISO17025 certified

- ✓ **通过美国QSR820质量管理体系审核**
  Passed US QSR820 quality management audit
- ✓ **取得美国FDA510K认证**
  Get US FDA510K certification

- ✓ **通过欧盟CE产品认证**
  Passed EU CE certification

- ✓ **取得国家卫生部产品生产许可证**
  Obtained National Ministry of Health production license

技术服务

- **01** 相关法规与标准培训及咨询
- **02** 系统方案的设计
- **03** 材料的评价与选择
- **04** 灭菌过程的有效性确认
- **05** 符合性检验与试验
- **06** 材料及预成型包装一站式供应
- **07** 灭菌服务及灭菌监控产品

东莞市安保医用包装科技有限公司
www.anbaopack.com

地址: 广东省东莞市谢岗镇谢岗振兴大道52号　　电话: +86-755-27040468-8124
手机: +86 19925298065　　　　　　　　　　　邮箱: business03@anbaopack.com
　　　　+86 19129315031 (国外)　　　　　　　　　　sales.e07@anbaopack.com (国外)

目　录

第一章　概述

　　无菌医疗器械初包装为医疗器械产品提供了一个无菌屏障系统，是最终灭菌医疗器械安全性的基本保证。有许多国家或地区把销往医疗机构、用于内部灭菌的预成型无菌屏障系统也视为医疗器械。最终灭菌医疗器械包装的目的是能进行灭菌、使用前提供无菌保护，保持无菌水平。由于医疗器械的具体特性、预期的灭菌方法、预期使用、失效日期、运输和贮存等都会对包装系统的设计和材料的选择带来影响，在为可以进行灭菌的医疗器械选择合适的包装材料时，要仔细地考虑无菌屏障系统诸多方面的因素，涵盖与灭菌过程的相容性、包装运输和处理过程中的牢固性、无菌屏障的特性以及与器械最终用途相关的事项。要实现灭菌包装的安全性，选用被确认是合格的包装材料、有科学依据的实验设计和严格的实验操作，参照被认为是正确的历史经验和实验数据等，都应该被考虑在内。

　　国内外有关标准指出，保持无菌屏障的完整性可用来证实无菌状态的保持性，无菌水平的降低与事件相关，而不与时间相关。无菌保障水平的丧失被认为是质量事故，无菌屏障系统因物理损坏而失去无菌状态也被认为是严重的质量事故。湿包装也被认为是质量事故，湿包装不易被发现且会增强污染的可能性，这些因素都是非时间相关因素。在医疗器械产品的装卸、储存和配送环节发生的事件，通常是灾难性的，这种质量事故和时间无关。

　　一个完整的包装系统可能包括无菌屏障系统（如透析袋或托盘），以及一个附加的保护性包装（如纸箱、货架包装等）。包装系统设计接收的决定性指标是无菌屏障系统（初包装）的性能，提供信息的印刷标识和保护性包装是第二层次和第三层次的要求，通常也需要谨慎地评估，因为其有助于实现完整的包装系统的效力。

　　无菌医疗器械产品的初包装要求在使用前提供无菌保护，并保持应有的无菌保障水平。因为这一性能通过检验和试验难以准确评定其质量，所以无菌医疗器械的包装过程是一个特殊过程。特殊过程是要通过过程确认来保证质量的。强调包装质量连续稳定，是在灭菌包装材料安全性这个大前提已经满足的条件下，接下来应该考虑的问题，事实上这也是满足无菌包装安全性的一个要求。按照几十年来国内外的行业经验总结，除严格遵守 GB/T 42061（ISO 13485）质量管理体系标准之外，一般来说，科学严格的包装工艺确认也是确保包装质量连续稳定的有效方法。

　　1950 年，美国成立的软包装协会是由软包装制造者和供应者组成的行业贸易协会。该行业生产用于食品、保健品的包装和由纸张、薄膜、铝箔材料等组成的工业产品。1994 年成立软包装协会灭菌包装制造者理事会，并发布了有关包装标准和试验方法。因此，无菌医疗器械包装属于一个新兴的发展领域，可以说在全世界范围内都属于新兴产业。

　　目前，ISO 11607-1《最终灭菌医疗器械的包装　第 1 部分：材料、无菌屏障系统和包装系统的要求》和 ISO 11607-2《最终灭菌医疗器械的包装　第 2 部分：成型、密封和装配过程的确认的要求》已转化为我国国家标准。EN 868-2 标准至 EN 868-10 标准已转化为我国医药行业标准。这些标准的转化和应用，为提高最终灭菌医疗器械包装的技术和管理水平，推动我国医疗器械产品的进一步发展及无菌包装的规范起到了十分重要的作用，使我国这个产业从无到有，仅仅经历了 20 多年的发展，已形成了相当规模的产业链。

目前，我国医疗器械生产厂家和医疗机构对包装材料的认识和重视程度不够，导致无菌医疗器械包装产业的发展存在以下四个问题：

（1）器械前期的开发设计没有与包装设计开发同时展开，延误项目周期。

（2）在器械设计的过程中没有考虑包装材质的限制，导致在后续生产过程中很容易发生包装密封失败或者后期的环氧乙烷灭菌后环残检测不合格等问题。

（3）缺乏包装系统的验证，导致在运输过程中很容易出现包装破损，甚至无菌屏障功能被破坏，导致产品不合格。

（4）我国无菌医疗器械包装还是一个新兴的领域，涉及诸多学科，如材料学、微生物学和机械自动化等，虽然国内真正从事医疗器械包装生产的企业逐年增多，但是缺少专业的工程技术人员和专业的检测人员。

希望在未来的发展过程中，国内做医疗器械的企业人员能将无菌包装和器械产品紧密结合，并注重实践经验，争取使我国的无菌医疗器械包装有更大的提升和突破。

第二章　无菌医疗器械初包装法规要求及相关标准

第一节　法规简介

一、国外法规介绍

1. 美国

直接出售给医疗机构并用于可重复使用医疗器械灭菌的预成型无菌屏障系统和/或材料可被视为医疗器械，按相应的医疗器械法规监管，如美国 FDA 的 510（K）。无菌医疗器械制造商使用的无菌包装被视为医疗器械产品的一个组成部分，需要与医疗器械产品一起评价，包装生产商需要提供包装材料的相关技术资料，以帮助医疗器械生产商开展最终无菌产品的评价。

2. 欧盟

欧盟为了进一步提高医疗器械产品质量，提高医疗器械的安全性和可靠性，提高对使用者的信息透明度，加强市场监管力度，于 2017 年发布了《欧盟医疗器械法规》（Medical Device Regulation，MDR（EU）2017/745），取代了原来的（MDD）93/42/EEC。新的 MDR 法规于 2021 年 5 月 26 日正式实施。MDR 法规强调了医疗器械全生命周期的风险管理。

在 MDR 法规下，无菌医疗器械包装被视为"医疗器械附件"（Accessory for a Medical Device）。"医疗器械附件"是指制造商用来与一个或多个特定医疗器械一起使用的物品，而不是医疗器械本身，使医疗器械能按照其预期用途使用，或按预期用途具体和直接地协助医疗器械的医疗功能。

直接出售给医疗机构用于可重复使用器械灭菌的无菌医疗器械包装和/或包装材料可被视为医疗器械的配件，按相应的法规监管。

欧盟的 MDR 法规对无菌医疗器械的包装以及与感染和微生物污染相关的风险管理提出了明确要求。例如，其在"附录 I 通用安全和性能要求"的"第二章设计和制造相关要求"中的条款"11. 感染及微生物污染"中要求：

11.1 "器械和制造过程的设计应尽可能消除或降低感染患者、使用者和（适用时）其他人。"增加了"（b）操作方便和安全"与"（d）防止器械或其所包含之物（例如样本或液体）受到微生物的污染"。

11.4 以无菌状态提供的器械应根据适当的程序进行设计、制造和包装，以确保在投放市场时保持无菌，以及在制造商规定的运输和贮存条件下，除非旨在保持其无菌状态的包装破损，否则直至包装出于使用目的而打开前，器械应保持无菌状态。应确保包装的完整性对于最终使用者清晰可见。

11.5 标记为无菌的器械应通过适当的经过验证的方法进行处理、制造、包装和灭菌。

11.6 预期被灭菌的器械应采用适当且可控的条件和设备进行制造和包装。

11.7 若器械在使用前灭菌，则非无菌器械的包装系统应保持产品的完整性和清洁度，以尽量减少微生物污染风险；此外，应适当考虑制造商指定的包装系统的灭菌方法。

在"附件Ⅱ 技术文件的'6.2在特定情况下要求的附加信息'中"要求必须包含"有关包装、灭菌和维持无菌的确认报告"。

二、我国法规介绍

2021年新发布的《医疗器械监督管理条例》强调了全生命周期内医疗器械的安全性和有效性，要求加强医疗器械全生命周期的风险管理，无菌初包装作为无菌医疗器械的一个重要组成部分，更加引起业内的重视。

（1）国家药品监督管理局将医疗器械包装系统纳入医疗器械评审范围内，于《医疗器械注册申报资料要求和批准证明文件格式》（国家药品监督管理局公告2021年第121号）中对医疗器械注册申报资料提出了具体要求。在"研究资料"中，要求提供"在宣称的有效期内以及运输条件下，保持包装完整性的依据"。

（2）《无源植入性医疗器械货架有效期注册申报资料指导原则（2017年修订版）》中对有效期的验证内容进行了规定，要求验证包装完整性，进行强度测试及模拟运输试验。

（3）《医疗器械生产企业供应商审核指南》（国家食品药品监督管理总局2015年第1号）要求医疗器械制造企业对初包装材料、初包装预制品企业进行生产质量体系的延伸管理。

（4）国家食品药品监督管理局发布《医疗器械生产质量管理规范》，对无菌医疗器械初包装材料微粒污染和初始污染菌进行控制。

（5）国家卫生健康委员会在《医院消毒管理规范》中对灭菌包装提出了要求。

第二节　国外标准和中国标准

一、国外标准

1. ISO 11607 通用系列标准

（1）ISO 11607-1《最终灭菌医疗器械的包装　第1部分：材料、无菌屏障系统和包装系统的要求》。

（2）ISO 11607-2《最终灭菌医疗器械的包装　第2部分：成型、密封和装配过程的确认的要求》。

（3）ISO TS 16775《最终灭菌医疗器械的包装　ISO 11607-1和ISO 11607-2应用指南》。

该系列标准的第1部分规定：最终灭菌医疗器械包装的材料、无菌屏障系统和包装系统的要求，从包装设计开发、材料选择、预成型无菌屏障系统和包装系统的验证等方面给出了设计生产一个合格的无菌屏障系统所需要的步骤，包括开展包装的稳定性试验和性能试验、包装的可用性评估等。

标准的第2部分规定：包装生产过程确认的要求，包括成型、密封和装配过程的确认的要求，涉及安装鉴定IQ、运行鉴定OQ和性能鉴定PQ，以保证包装生产过程能够稳定生产出符合要求的包装。标准提供了开发和确认一个包装生产过程的步骤和要求框架，需要一个形成文件的过程确认程序来证实包装过程的有效性和再现性。

ISO TS 16775《最终灭菌医疗器械包装 ISO 11607-1 和 ISO 11607-2 应用指南》为应用ISO 11607-1 和 ISO 11607-2 中的相关要求提供了指南，方便用户按标准要求来评估、选择和使用包装材料、预成型无菌屏障系统、无菌屏障系统和包装系统。

2. EN 868专用系列标准

该系列标准共有9个部分，规定了市场上现有常规材料的性能要求和试验方法。这些标准主要针对医疗机构用于灭菌消毒可重复使用医疗器械和部分一次性无菌医疗器械的典型包装和包装材料，并可用于证明包装材料符合ISO 11607标准的一项或多项要求（如适用），以支持包装材料的符合性评估。

（1）EN 868-2《最终灭菌医疗器械的包装材料 第2部分：灭菌包裹材料要求和试验方法》。

（2）EN 868-3《最终灭菌医疗器械的包装材料 第3部分：纸袋、组合袋和卷材生产用纸要求和试验方法》。

（3）EN 868-4《最终灭菌医疗器械的包装材料 第4部分：纸袋要求和试验方法》。

（4）EN 868-5《最终灭菌医疗器械的包装材料 第5部分：透气材料与塑料膜组成的可密封组合袋和卷材要求和试验方法》。

（5）EN 868-6《最终灭菌医疗器械的包装材料 第6部分：用于低温灭菌过程或辐射灭菌的无菌屏障系统生产用纸要求和试验方法》。

（6）EN 868-7《最终灭菌医疗器械的包装材料 第7部分：环氧乙烷或辐射灭菌无菌屏障系统生产用可密封涂胶纸要求和试验方法》。

（7）EN 868-8《最终灭菌医疗器械的包装材料 第8部分：蒸汽灭菌器用重复性使用灭菌容器要求和试验方法》。

（8）EN 868-9《最终灭菌医疗器械的包装材料 第9部分：可密封组合袋、卷材和盖材生产用无涂胶聚烯烃非织造布材料要求和试验方法》。

（9）EN 868-10《最终灭菌医疗器械的包装材料 第10部分：可密封组合袋、卷材和盖材生产用涂胶聚烯烃非织造布材料要求和试验方法》。

3. ASTM试验方法

美国材料与试验协会（ASTM）是一个具有国际影响力的标准化组织，成立于1898年，总部位于美国宾夕法尼亚州西康舍霍肯，主要制定、发布自愿共识的有关材料、产品、系统和服务的技术标准。我国的行业标准YY/T 0681系列试验方法标准中大部分参考了ASTM标准中的相应部分。

二、中国标准

1. 通用标准

国家标准GB/T 19633《最终灭菌医疗器械的包装》等同采用ISO 11607系列标准。

GB/T 19633-1 2015 等同采用 ISO 11607-1 2006《最终灭菌医疗器械的包装 第1部分：材料、无菌屏障系统和包装系统的要求》。

YY/T 1759-2020《医疗器械软性初包装设计与评价指南》。

2. 产品标准：YY/T 0698《最终灭菌医疗器械的包装材料》系列标准

该系列标准等同采用 EN 868 系列标准，主要针对医疗机构用于灭菌消毒可重复使用医疗器械和部分一次性无菌医疗器械的典型包装和包装材料，并可用于证明包装材料符合 ISO 11607 标准的一项或多项要求（如适用），以支持包装材料的符合性评估。

（1）YY/T 0698.1《最终灭菌医疗器械的包装材料　第 1 部分：吸塑包装共挤塑料膜要求和试验方法》。

（2）YY/T 0698.2《最终灭菌医疗器械的包装材料　第 2 部分：灭菌包裹材料要求和试验方法》。

（3）YY/T 0698.3《最终灭菌医疗器械的包装材料　第 3 部分：纸袋（YY/T 0698.4 所规定）、组合袋和卷材（YY/T 0698.5 所规定）生产用纸要求和试验方法》。

（4）YY/T 0698.4《最终灭菌医疗器械的包装材料　第 4 部分：纸袋要求和试验方法》。

（5）YY/T 0698.5《最终灭菌医疗器械的包装材料　第 5 部分：透气材料与塑料膜组成的可密封组合袋和卷材要求和试验方法》。

（6）YY/T 0698.6《最终灭菌医疗器械的包装材料　第 6 部分：用于低温灭菌过程或辐射灭菌的无菌屏障系统生产用纸要求和试验方法》。

（7）YY/T 0698.7《最终灭菌医疗器械的包装材料　第 7 部分：环氧乙烷或辐射灭菌屏障系统生产用可密封涂胶纸要求和试验方法》。

（8）YY/T 0698.8《最终灭菌医疗器械的包装材料　第 8 部分：蒸汽灭菌器用重复性使用灭菌容器要求和试验方法》。

（9）YY/T 0698.9《最终灭菌医疗器械的包装材料　第 9 部分：可密封组合袋、卷材和盖材生产用无涂胶聚烯烃非织造布材料要求和试验方法》。

（10）YY/T 0698.10《最终灭菌医疗器械的包装材料　第 10 部分：可密封组合袋、卷材和盖材生产用涂胶聚烯烃非织造布材料要求和试验方法》。

3. 方法标准：YY/T 0681 无菌医疗器械包装试验方法系列标准

该系列标准参考了美国 ASTM（材料和试验协会）的试验方法标准，规定了无菌医疗器械包装的试验方法。

（1）YY/T 0681.1《无菌医疗器械包装试验方法　第 1 部分：加速老化试验指南》。

（2）YY/T 0681.2《无菌医疗器械包装试验方法　第 2 部分：软性屏障材料的密封强度》。

（3）YY/T 0681.3《无菌医疗器械包装试验方法　第 3 部分：无约束包装抗内压破坏》。

（4）YY/T 0681.4《无菌医疗器械包装试验方法　第 4 部分：染色液穿透法测定透气包装的密封泄漏》。

（5）YY/T 0681.5《无菌医疗器械包装试验方法　第 5 部分：内压法检测粗大泄漏（气泡法）》。

（6）YY/T 0681.6《无菌医疗器械包装试验方法　第 6 部分：软包装材料上印墨和涂层抗化学性评价》。

（7）YY/T 0681.7《无菌医疗器械包装试验方法　第 7 部分：用胶带评价软包装材料上印墨或涂层附着性》。

（8）YY/T 0681.8《无菌医疗器械包装试验方法　第 8 部分：涂胶层重量的测定》。

（9）YY/T 0681.9《无菌医疗器械包装试验方法　第 9 部分：约束板内部气压法软包装密封胀破试验》。

（10）YY/T 0681.10《无菌医疗器械包装试验方法　第 10 部分：透气包装材料微生物屏障

分等试验》。

（11）YY/T 0681.11《无菌医疗器械包装试验方法　第 11 部分：目力检测医用包装密封完整性》。

（12）YY/T 0681.12《无菌医疗器械包装试验方法　第 12 部分：软性屏障膜抗揉搓性》。

（13）YY/T 0681.13《无菌医疗器械包装试验方法　第 13 部分：软性屏障膜和复合膜抗慢速戳穿性》。

（14）YY/T 0681.14《无菌医疗器械包装试验方法　第 14 部分：透气包装材料湿性和干性微生物屏障试验》。

（15）YY/T 0681.15《无菌医疗器械包装试验方法　第 15 部分：运输容器和系统的性能试验》。

（16）YY/T 0681.16《无菌医疗器械包装试验方法　第 16 部分：包装系统气候应变能力试验》。

（17）YY/T 0681.17《无菌医疗器械包装试验方法　第 17 部分：透气包装材料气溶胶过滤法微生物屏障试验》。

（18）YY/T 0681.18《用真空衰减法无损检验包装泄漏》。

4. 行业协会团体标准

（1）T/CAMDI 033《医疗器械包装材料的生物学评价指南》。

（2）T/CAMDI 015《无菌医疗器械初包装生产质量管理规范》。

（3）T/CAMDI 009.1《无菌医疗器械初包装洁净度　第 1 部分：微粒污染试验方法气体吹脱法》。

（4）T/CAMDI 009.2《无菌医疗器械初包装洁净度　第 2 部分：微粒污染试验方法液体洗脱法》。

（5）T/CAMDI 009.10《无菌医疗器械初包装洁净度　第 10 部分：污染限量》。

（6）T/CAMDI GFZB 008《无菌医疗器械制造设备实施医疗器械生产质量管理规范的通则》。

（7）T/CAMDI 057《可灭菌剥离袋规格书编写的标准指南》。

（8）T/CAMDI 056《无菌医疗器械环氧乙烷灭菌过程管理规范》。

（9）T/CAMDI 058《最终灭菌医疗器械包装　GB/T 19633.1 和 GB/T 19633.2 应用指南》。

此外，有关初包装的常用的一些方法标准见本指南附录一；一些和初包装有关的法规或规范性文件见本指南附录二至附录五。

第三章　无菌医疗器械初包装形式及应用

第一节　预成型无菌屏障系统

一、软包装种类、结构和应用

软包装种类繁多，结构各式各样，广泛应用于无菌医疗器械，具体如表3-1所示。

表3-1　各类常见软质预成型初包装在医疗器械行业的应用实例

产品名称	构成形式	典型材料组成	产品技术要求	产品应用场景	图例
涂胶闪蒸法非织造布袋	平袋/管袋	涂胶闪蒸法非织造布(例如,coated Tyvek®2FS 或其他型号+复合膜PET 12/PE35~80μm)	涂胶的闪蒸法非织造布和常规的PET/PE膜组成的平袋,剥离力非常稳定,打开无屑,白色转移明显,包装阻菌性能强。涂胶的形式可分为框涂和满涂。胶黏剂可选用热熔性的,也可选用水溶性的。成品涂胶闪蒸法非织造布纸塑袋质量符合YY/T 0698.5 的要求。两片材料烫合后可以洁净剥离	常用于需要环氧乙烷/辐照灭菌的医疗器械,产品对于包装打开性能要求较高,适用于大多数三类医疗器械。可根据需要印刷灭菌变色工艺指示物	
非涂胶闪蒸法非织造布袋	平袋/管袋	非涂胶闪蒸法非织造布（例如,Tyvek®2FS,1059B,1073B）+复合膜PET12/Nylon15μm/EZPEEL 30~80μm	非涂胶闪蒸法非织造布和常规的PET/PE膜组成的平袋,剥离力稳定,打开无屑,白色转移明显,包装阻菌性能强	常用于需要环氧乙烷/辐照/过氧化氢等离子灭菌的医疗器械,产品对于细菌阻隔性要求较高,适用于大多数三类医疗器械,可根据需要印刷灭菌变色工艺指示物	
涂胶纸塑袋	平袋/管袋	涂胶纸(60~120g)+复合膜PET12/PE35~80μm)	涂胶纸和常规的PET/PE膜组成的平袋,剥离力稳定,打开无屑,白色转移明显,包装阻菌性能随着纸的品质和厚度的提高而增加	常用于需要环氧乙烷/辐照灭菌的医疗器械,产品对于细菌阻隔性要求较高,适用于大多数二类和部分三类医疗器械,可根据需要印刷灭菌变色工艺指示物	

续表

产品名称	构成形式	典型材料组成	产品技术要求	产品应用场景	图例
非涂胶纸袋	平袋/管袋	原纸（60～80g）+易揭复合膜PET12/PE（35～80μm）	直封纸和易揭的PET/PE膜组成的平袋，剥离力稳定，白色转移明显，包装阻菌性能随着纸的厚度的增加而增加	主要用于需要环氧乙烷灭菌的医疗器械包装，可根据需要印刷变色工艺指示物	
闪蒸法非织造布蒸汽灭菌袋	平袋	共挤膜HDPE(80～100μm)+闪蒸法非织造布（例如Tyvek®1073B）	封边需要将涂胶闪蒸法非织造布热合成透明状，以便确认包装完整性，可耐121℃，30min高温灭菌，不溶性微粒满足药典标准	用于需要蒸汽灭菌的医疗器械包装，适用于高温蒸汽灭菌方式，可根据需要印刷高压蒸汽灭菌变色工艺指示物。多用于无菌转运的药品和配件	
蒸汽灭菌纸塑袋	平袋/管袋/立体袋	复合膜PET12/CPP（30～50μm）+原纸（60～70g）	易揭的CPP结构，可以和纸张热合达到封口效果，可以制成管袋/平袋/折边袋等常规包装袋形式，可耐140℃以内的高温灭菌方式，成品纸塑袋质量符合YY/T 0698.5的要求	用于需要蒸汽灭菌或环氧乙烷灭菌的医疗器械包装，适用于高压蒸汽灭菌方式，可根据需要印刷高压蒸汽或环氧乙烷变色工艺指示物。一般是提供给医疗机构容装可重复使用的医疗器械（如手术刀和手术钳等），然后进行高压蒸汽灭菌	
铝箔袋	平袋	PET/AL/PE或纸/AL/PE，AL厚度7～25μm，封口层厚度60～80μm	根据膜的不同，铝箔袋可以选择将封口封死的或者易揭开的封口，封口层可以用PP或者PE材质。对于抗戳穿强度要求高的可选含有PA的多层共挤膜。对于特殊的医疗器械如碘伏棉球，其包装的内层材料尽量采用高阻隔膜，这样才能保证碘伏在生命期限内不穿透包装。成品铝箔袋一般执行GB/T 21302或GB/T 28118或药包材料的相应标准要求	常用于需要环氧乙烷/辐照灭菌的医疗器械，对于细菌阻隔性要求较高，适用于大多数需要有液体阻隔性能的医疗器械	
易揭顶头袋（呼吸袋）	顶头袋	多层共挤膜PE（75～110μm）+涂胶的涂胶闪蒸法非织造布	其中一片材料是在闪蒸法非织造布纸上涂热熔性或水溶性胶黏剂。涂胶的形式可分为框涂和满涂，比较普遍的是满涂。另一片材料选用多层共挤PE膜。成品涂胶闪蒸法非织造布顶头袋质量符合YY/T 0698.5的要求。两片材料烫合后可以洁净剥离	涂胶闪蒸法非织造布顶头袋是容装需要环氧乙烷灭菌并且较重或较大的医疗器械，如一些骨科器械或一次性手术衣	
易揭尼龙平袋	平袋/管袋	尼龙共挤膜+尼龙共挤膜	强韧的尼龙共挤膜组成耐冲击的包装袋，根据膜的不同，可以选择死封或者易揭开的打开方式，封口强度很高，揭开强度可以按照需要调整。包装袋柔韧性强，可以进行折叠卷曲等后处理	常用于各种有尖锐部位的医疗器械，能够通过低温跌落测试、冲击测试等严苛的测试方法。适用于大多数需要辐照灭菌的医疗器械	

产品名称	构成形式	典型材料组成	产品技术要求	产品应用场景	图例
窗口袋	平袋	PE+非涂胶的或涂胶闪蒸法非织造布	没有涂层颗粒物脱落风险。相比传统袋，可从中间打开直接取出器械，避免污染风险。满足洁净剥离。符合 EN 868-5 的要求	医疗器械厂商	
蒸汽灭菌用纸袋	平袋/立体袋	适应于湿热蒸汽灭菌的透析纸+粘胶剂（胶黏剂）	纸袋两面均采用适用于湿热蒸汽灭菌的透析纸，一般在需要密封的部位涂上有颜色的适应于湿热蒸汽灭菌的水性胶。涂胶工艺一般采用框涂（也可以满涂，但成本较高）。成品纸袋质量符合 YY/T 0698.4 的要求	一般容装较薄的需要湿热蒸汽灭菌的医疗器械，一般用于敷料类医疗器械	
淋膜纸袋	平袋	涂胶纸+PE 淋膜纸	一片材料选用适用于环氧乙烷灭菌的透析纸，一般在需要密封的部位涂上适应于环氧乙烷灭菌的胶黏剂。涂胶工艺一般采用框涂或满涂。胶黏剂可以选择热熔性的，也可以选用水溶性的。另外一片材料是在透析纸或医包纸淋上一定克重的 PE。成品纸袋质量符合 YY/T 0698.5 的要求	一般用于敷料类医疗器械（如输液贴、医用吸水垫、医用纱布、透气胶带、防水创可贴、急救毛毯、呼吸面膜、卡扣式止血带、三角绷带、婴儿护脐带、亲水性纤维辅料）	
环氧乙烷灭菌用纸袋	平袋	适应于环氧乙烷灭菌的透析纸+粘胶剂（胶黏剂）	两面均采用适用于环氧乙烷灭菌的透析纸，一般在需要密封的部位涂上有颜色的适应于环氧乙烷灭菌的胶黏剂。涂胶工艺一般采用框涂（也可以满涂，但成本较高）。胶黏剂可以选择热熔性的，也可以选用水溶性的。原料透析纸质量符合 YY/T 0698.6 的要求	一般容装较薄的需要环氧乙烷灭菌的敷料类医疗器械	
透气窗口袋（中缝或边封透气条式透气窗口袋）	平袋	涂胶闪蒸法非织造布纸+PE 类复合膜；另一种结构是涂胶闪蒸法非织造布纸或透析原纸或涂胶透析纸+PET/PE 或 PET/CPP 类复合膜	其中一种材料是涂胶闪蒸法非织造布，另一种材料为 PE 类复合膜。两片材料烫合后不可剥离，一般需要在透气窗袋上开撕口。成品中缝透气条式透气窗袋质量符合 YY/T 0698.5 要求。边封透气条式：其中一种材料为 PE 或 CPP 类复合膜，另外一种材料可以是涂胶闪蒸法非织造布，也可以是符合 YY/T 0698.6 要求的透析纸或符合 YY/T 0698.7 要求的涂胶纸。一般需要在透气窗袋上开撕口。成品透气窗袋质量符合 YY/T 0698.5 要求	中缝透气条式：容装较重或较立体的医疗器械，包括但不限于气管插管组件、麻醉剂用呼吸管路、宫内节育器。边封透气条式：容装较重或较立体的医疗器械，包括但不限于过滤输液器、止痛泵、麻醉包、麻醉穿刺包、导尿管、无菌中心静脉导管包、扩张器、呼吸管路、麻醉面罩等	

二、硬质吸塑盒包装在医疗器械行业的应用

硬质医用包装是由硬质预成型初包装吸塑盒和涂胶的盖材密封构成的医用包装。盖材属于

软包装材料产品，一般由涂胶闪蒸法非织造布或涂胶纸构成，部分需要辐照灭菌的产品也可以使用特殊的膜材密封（见表3-2）。

表 3-2 硬质预成型初包装在医疗器械行业的应用实例

类别	产品名称	材料	材料适用的灭菌方式	图例
1. 植入材料和人工器官包装	骨科（骨柄、球头）类包装	PETG	环氧乙烷灭菌 电子束辐照灭菌 伽马辐照灭菌	1 2
	骨钉、骨板套装类包装	PETG	环氧乙烷灭菌 电子束辐照灭菌 伽马辐照灭菌	3 4
	锥体成型套装、骨水泥填充系统、扩张锥钻系统、穿刺系统、引导丝系统、球囊组件包装	PETG	环氧乙烷灭菌 电子束辐照灭菌 伽马辐照灭菌	5 6 7
	心脏起搏器包装	PETG	环氧乙烷灭菌 电子束辐照灭菌 伽马辐照灭菌	8 9
2. 注射穿刺器械包装	3/5mm、10/12mm 穿刺器械包装	APET	环氧乙烷灭菌	10 11
	穿刺套装系列	APET	环氧乙烷灭菌	12 13
	单孔穿刺器械包装，无刃、带刀、可视穿刺器械包装	APET	环氧乙烷灭菌	14 15

续表

类别	产品名称	材料	材料适用的灭菌方式	图例
2. 注射穿刺器械包装	结扎夹包装	PETG	环氧乙烷灭菌 电子束辐照灭菌 伽马辐照灭菌	16
	活检针穿刺类包装	APET或PETG	环氧乙烷灭菌 电子束辐照灭菌 伽马辐照灭菌	17
3. 医用高分子材料制品及敷料包装	预罐封注射器包装	APET	环氧乙烷灭菌	18 19
	胶原海绵系列包装	PETG	环氧乙烷灭菌 电子束辐照灭菌 伽马辐照灭菌	20 21
	眼贴敷料系列包装	APET	环氧乙烷灭菌	22
	手套款、凝胶款套装	APET或PETG	环氧乙烷灭菌 电子束辐照灭菌 伽马辐照灭菌	23 24 25
	敷料类包装	APET或PETG	环氧乙烷灭菌 电子束辐照灭菌 伽马辐照灭菌	26

类别	产品名称	材料	材料适用的灭菌方式	图例
4. 微创及外科手术器械包装	取物装置、输送系统类包装	PETG	环氧乙烷灭菌 电子束辐照灭菌 伽马辐照灭菌	27　28
	超声刀类包装	APET	环氧乙烷灭菌	29　30
	手术用组件套装	PETG	环氧乙烷灭菌 电子束辐照灭菌 伽马辐照灭菌	31
	射频消融电极刀头、高频电刀包装	PETG	环氧乙烷灭菌 电子束辐照灭菌 伽马辐照灭菌	32
	心脏支架、盘管、导管类包装	PETG	环氧乙烷灭菌 电子束辐照灭菌 伽马辐照灭菌	33　34
	腔镜、内窥镜、手术刀器械包装	PETG	环氧乙烷灭菌 电子束辐照灭菌 伽马辐照灭菌	35　36
5. 药械组合精密药包材	高硼硅、安瓿瓶、药瓶类包装	PETG	环氧乙烷灭菌 电子束辐照灭菌 伽马辐照灭菌	37　38
	药用托盘	PP、PS、APET	环氧乙烷灭菌	39
	周转托盘	PP、PS、APET	无灭菌需求	40　41

第二节　包装材料种类和要求

一、软质包装材料

构成软包装的材料为软质包装材料，具体品种如表3-3所示。

表3-3　软质包装材料

初包装材料种类	产品名称	材料结构	性能要求
一次性使用包裹材料	无纺布包裹材料	PP	YY/T 0698.2
一次性使用包裹材料	皱纹纸包裹材料	木浆	YY/T 0698.2
一次性使用包裹材料	平纸包裹材料	木浆	YY/T 0698.2
可重复使用包裹材料	纺织类棉布包裹材料	棉纤维	YY/T 0698.2
可重复使用包裹材料	化纤类包裹材料	聚酯或其他纤维材料	YY/T 0698.2
透气材料（无涂层）	透析纸（适用于蒸汽灭菌）	木浆	YY/T 0698.3
透气材料（无涂层）	透析纸（适用于低温灭菌）	木浆	YY/T 0698.6
透气材料（无涂层）	聚合物增强材料（适用于低温灭菌）	木浆+聚合物	YY/T 0698.6
透气材料（无涂层）	聚合物增强材料（适用于蒸汽灭菌）	木浆+聚合物	YY/T 0698.3
透气材料（无涂层）	闪蒸法非织造布（聚烯烃非织造布材料）	HDPE	YY/T 0698.9
透气材料（有涂层）	涂胶透析纸（适用于低温灭菌）	木浆、胶黏剂	YY/T 0698.7
透气材料（有涂层）	涂胶闪蒸法非织造布（涂胶聚烯烃非织造布材料）	HDPE、胶黏剂	YY/T 0698.10
非透气性复合材料	淋膜纸	木浆、LDPE	无
非透气性复合材料	复膜纸	木浆、胶黏剂、CPP	无
非透气性材料PE膜	LDPE	LDPE	GB/T 4456 或 YY/T 0698.5
非透气性材料PE膜	HDPE	HDPE	GB/T 4456 或 YY/T 0698.5
非透气性材料共挤膜	PP/PE	PP/PE	GB/T 28117 或 YY/T 0698.1
非透气性材料共挤膜	PA/PE	PA/PE	GB/T 28117 或 YY/T 0698.1
非透气性材料复合膜	PET/PE类复合膜	PE类复合膜	GB/T 21302 或 GB/T 10004 或 YY/T 0698.5
非透气性材料复合膜	PET/改性PE类复合膜	改性PE类复合膜	GB/T 21302 或 GB/T 10004 或 YY/T 0698.5
非透气性材料复合膜	PET/CPP类复合膜	CPP类复合膜	GB/T 21302 或 GB/T 10004 或 YY/T 0698.5
非透气性材料复合膜	PA/PE	PA/PE	GB/T 21302 或 GB/T 10004 或 YY/T 0698.5
非透气性铝塑复合膜	PE类铝箔膜	PE类铝箔膜	GB/T 21302 或 GB/T 28118
非透气性铝塑复合膜	改性PE类铝箔膜	改性PE类铝箔膜	GB/T 21302 或 GB/T 28118
非透气性铝塑复合膜	高阻隔PE类铝箔膜	高阻隔PE类铝箔膜	GB/T 21302 或 GB/T 28118

续表

初包装材料种类	产品名称	材料结构	性能要求
非透气性铝塑复合膜	CPP 类铝箔膜	CPP 类铝箔膜	GB/T 21302 或 GB/T 28118
非透气性纸塑复合膜	PE 类复铝纸	PE 类复铝纸	GB/T 21302
非透气性纸塑复合膜	改性 PE 类复铝纸	改性 PE 类复铝纸	GB/T 21302

二、硬质包装材料

医疗包装中有在线成型和预成型吸塑盒两种形式，两者区别非常大。预成型硬质吸塑盒使用的材料厚度一般在 0.5~2.0mm，形状较为复杂，全是根据客户产品样式进行设计，大小高低都不同，大多数也都是带有固定产品的卡扣位的。在线成型包装使用的材料的厚度一般都是 0.2~0.3mm，且成型后的产品相对较软，不适合过于复杂的设计。

（1）APET 材料全称为非结晶化聚对苯二甲酸乙二醇酯，是一种吸塑材料，是热塑性环保塑胶产品，一般以国产为主。它的性价比高，适合环氧乙烷灭菌方式，老化年限一般为 3 年。很多一次性使用的医疗器械、注射穿刺产品、美容日用产品、介入类产品都会用到。医用包装材料必须选择全新料来加工成型，有些厂商为了节省成本或者打价格战，会用回料来充当全新料，欺骗客户，让客户认为物美价廉。用回料制成的 APET 片材的物理性能表现较差，表面的透光度和雾度也不是很好，为了使材料表面更透，部分产品也会添加荧光增白剂以次充好，一般采用目视和材料拉伸等方法就可以分辨。

（2）PETG 材料全称为聚对苯二甲酸乙二醇酯-1，4-环己烷二甲醇酯，是一种透明塑料，一般以进口为主。其价格比 APET 高很多，适应多种灭菌方式，其物理性能也远优于 APET 材料，老化年限一般大于等于 5 年，很多高值耗材、进出口产品都会用到。对于该材料全球仅有美国伊士曼、韩国 SK 两家公司能提供比较全面的验证资料。在国内 PETG 材料的卷材颜色为透明泛蓝，这是因为在国内 APET 材料运用较为广泛，为了和 APET 有明显的区分，添加了医用级色母粒（蓝色）。

（3）PS 材料全称为聚苯乙烯，包括普通聚苯乙烯、发泡聚苯乙烯（EPS）、高抗冲聚苯乙烯（HIPS）及间规聚苯乙烯（SPS）。一般医疗包装上使用的大多都是 PS，白色和本色居多，一般以国产为主。其价格适中，适应多种灭菌方式，老化年限一般为 2~3 年。在物理性能方面没有 APET 好，材料相对比较脆，成型后建议尽快使用，如存放时间过长，材料表面会因老化而慢慢变色。

（4）PP 材料全称为聚丙烯，是丙烯通过加聚反应而成的聚合物，具有耐化学性、耐热性、电绝缘性，以及高强度机械性能和良好的高耐磨加工性能等。医疗包装上该材料本色和白色居多，一般以国产为主。其价格适中，适应环氧乙烷灭菌，不耐辐照，原因一般是由于聚合物分子链在高能量的冲击下断裂而导致材料脆化。医疗行业中如药用托盘、医用衬板等会用到该材料。

（5）PVC 材料全称为聚氯乙烯，其在医疗包装行业中也有应用，最大的优点是成本低廉，但在应用时要注意以下问题：PVC 材料本身没有毒性，由于 PVC 材料加工时要加入大量的添加剂，且硬质 PVC 材料加工成型所需的温度要远高于软质 PVC 产品，对稳定剂的要求非常高，稳定剂系统和软质产品完全不同，而稳定剂系统可能会引入一些需要重新验证的毒性物质，因此对材料的生物安全性要特别关注，应索要供应商使用的稳定剂系统的成分。如果采用的稳定剂系统是无毒的，硬质 PVC 片材的老化性能会下降很多，不建议用在有效期大于两年的产品上。

另外，从环境保护方面看，PVC 材料在燃烧过程中会释放出二噁英。所以，如果产品是销售到对环保有较高要求的国家和地区，在选取医用包装的时候要特别注意。

（6）GAG 是三层复合材料，由中间层 APET、上下两层 PETG 原料按合适比例共挤生产的三层复合片材，这样可以降低一些成本，在医疗包装中应用的非常少但也偶有应用。

（7）PC 化学名称为聚碳酸酯，是一种高透明耐蒸煮的硬质材料，多用于婴儿奶瓶等，在医疗器械包装中也有少量的应用。

第四章 无菌医疗器械主要灭菌方式

第一节 无菌医疗器械初包装和灭菌的关系

初包装系统的设计应优先考虑灭菌过程，即在设计初包装之前就应确定器械的灭菌方法，了解灭菌过程有助于选择初包装的材料，要充分了解灭菌要求信息，有助于决定初包装系统材料的选择，如常见的环氧乙烷（EO）灭菌，要求构成初包装的包装材料中至少有一种具有良好的透气性，以保证灭菌过程的顺利执行，而射线辐照（Gamma or EB）灭菌则要求所使用的包装材料至少能够抵抗预期剂量的射线辐照而导致的老化或变性。

对于无菌医疗器械，应在产品、初包装、保护性包装系统的设计和验证过程中充分考虑灭菌过程，以决定其适应性（参见 GB/T 19633.1）。不同的灭菌方法决定了包装材料的选择、初包装和保护性包装系统规格、医疗器械的物流过程。无菌医疗器械灭菌过程应重点关注以下七个方面：

（1）包装材料的透气性，选择透气性或不透气性。

（2）环氧乙烷灭菌通常要求采用透气性初包装材料。

（3）辐照灭菌可以使用不透气性或透气性的初包装。透气性初包装材料可以减少辐照产生的异味；不透气性初包装材料对微生物的屏障性能可能更具优越性。

（4）灭菌适应性是指初包装材料承受灭菌过程的能力和对灭菌过程可能产生的影响。

应考虑无菌医疗器械和初包装及保护性包装系统经过所选灭菌方法的过程极限，一个或多个过程后的性能变化；辐照灭菌会对材料性能的影响，以及不同的辐照剂量对材料造成影响的程度；透气性初包装的透气性能对环氧乙烷灭菌和湿热灭菌的灭菌效果的影响，以及环氧乙烷灭菌后的环氧乙烷残留量问题。

（5）密度/定位。伽马射线和电子束灭菌，要考虑无菌医疗器械在同一外包装不同中盒或相邻外包装时的阴影效果；蒸汽和环氧乙烷灭菌，要考虑灭菌柜最大装载量和装载方式。

（6）特殊的灭菌外包装和传送工具的限制。要考虑灭菌过程的限制，即伽马灭菌时灭菌外包装的大小，电子束传送工具的限制，环氧乙烷灭菌时灭菌柜的大小等。

（7）托盘规格。要考虑灭菌柜的规格，采用灭菌柜所需的最小灭菌剂剂量（如果由第三方灭菌），最优的空间利用率和运输效率。

第二节　环氧乙烷灭菌

1. 过程概述

属于碱性气体湿热灭菌。包装后的医疗器械应承受一定的灭菌温度、湿度以及真空压力的变化。

2. 无菌医疗器械和初包装的关系

（1）无菌医疗器械的初包装和包装印刷油墨应能承受高温、高湿、多次抽真空的变化，温度和湿度范围应根据灭菌周期的变化而设计。

（2）应允许气体穿透并允许持久接触医疗器械所有表面。

（3）初包装需要有多孔区域，允许气体进入和排出。气体穿透速率可以维持真空和填充过程中初包装的完整性。应注意确保包括保护性包装系统在内的所有无菌屏障系统的穿透性，避免透气材料与非透气材料接触，因为这可能会阻止气体穿透。

3. 灭菌过程控制

（1）作用时间：确定进行预处理、灭菌、解析、生物指示物检测放行需要的时间，在有些情况下可以采用物理参数放行。

（2）灭菌效率：取决于装载和灭菌剂的作用时间。

（3）负载大小：基于外箱规格和灭菌过程的验证。

（4）灭菌周期在某种程度上可以定制，以满足医疗器械和微生物学的要求。

（5）剩余的环氧乙烷必须被排出，以确保其残留量在安全范围内，这是灭菌过程周期设置的一个重要环节，需要对被灭菌医疗器械进行环氧乙烷残留量测试（ISO 10993-7）。

4. 环氧乙烷灭菌的相关标准与规范

——GB 18279.1（ISO 11135-1）

——GB/T 18279.2（ISO/TS 11135-2）

——ISO 10993-7

——AAMI TIR15

——AAMI TIR16

——AAMI TIR19

——AAMI TIR20

——AAMI TIR28

第三节　湿热灭菌

1. 过程概述

包装后的医疗器械经受饱和蒸汽和高温。蒸汽是灭菌剂，需要穿透初包装和保护性包装系统，并与医疗器械接触。

2. 无菌医疗器械和包装系统的关系

（1）无菌医疗器械、初包装、保护性包装和印刷油墨，应对蒸汽和高温不敏感。

（2）初包装和保护性包装应有透气区域，允许蒸汽进入和排出。蒸汽可穿透部分的面积占整个透气面积的比例要充分，以保证初包装在真空和蒸汽填充过程中的完整性。应注意保证个别包装系统不会阻止其他包装系统透气，避免透气材料与非透气材料接触，因为这可能会阻止气体穿透。

（3）有腔室的医疗器械应该处于打开状态，允许蒸汽穿透并保持蒸汽与医疗器械所有部分持续接触。

（4）考虑包装材料的重复使用性。

3. 灭菌过程控制

（1）作用时间：该过程通常小于2小时，不需要进行解析。

（2）负载大小：取决于灭菌设备和医疗器械灭菌过程的确认。

4. 湿热（蒸汽）灭菌的相关标准与规范

——GB 18278.1（ISO 17665-1）

——GB 18278.2（ISO/TS 17665-2）

第四节　干热灭菌

1. 过程概述

包装后的医疗器械经受高温并持续一段时间。

2. 无菌医疗器械和包装系统的关系

无菌医疗器械、初包装、保护性包装和印刷油墨等材料，应可以承受高温，通常可能要在达到160℃或更高的温度下持续几个小时，或在较低温度下持续更长的时间。

3. 灭菌过程控制

（1）作用时间：该过程需要几个小时，不需要进行解析。

（2）负载大小：取决于灭菌设备的规格和灭菌过程的确认。

4. 干热灭菌的相关标准与规范

——YY/T 1276（ISO 20857）

第五节　电子束灭菌（E-Beam）

1. 过程概述

一种通过电子加速器系统产生密集的电子流作用于已包装的医疗器械的初包装和保护性包装系统，该过程可以改变化学分子键进而导致微生物繁殖能力被破坏，最终达到医疗器械灭菌的目的。

2. 无菌医疗器械和包装系统的关系

（1）必须谨慎选择无菌医疗器械、初包装、保护性包装和印刷油墨等材料，确保可以承受电子束辐射。这种方法对材料造成的影响要比伽马射线相对较低。

（2）包装箱的密度是重要因素，应当受控并保证在过程中始终一致，以确保剂量放行的有效性。

（3）如果医疗器械要求必须是密封包装，则必须采用非透气初包装系统，这是一个比较好的选择。

3. 灭菌过程控制

（1）作用时间：包装系统在传送器上接受该过程，有时需要经过 2 次传送。由于该过程采用剂量放行，灭菌后不需要等候生物学验证的时间。

（2）包装系统的定位应受控，以确保医疗器械所有部分都能接受到电子束，即避免"阴影"。

（3）负载大小：取决于需灭菌产品的数量要求和设备及传送器的说明文件。

（4）灭菌过程可以制造生产线并连接成流水线，这是一个高效率的灭菌方法。

4. 电子束灭菌的相关标准与规范

——GB/T 16841（ISO/ASTM 51649）

第六节 伽玛辐射（Gamma）

1. 过程概述

包装后的医疗器械经受钴-60 放射源发出的高能量伽马粒子的电离辐射，这种电离辐射将微生物的分子结构破坏使其失去繁殖能力。

2. 无菌医疗器械和包装系统的关系

（1）这种灭菌方法即使是小剂量和短时间的处理也可能造成包装材料的外观变黄或物理性质的改变，无菌医疗器械、初包装、保护性包装和印刷油墨等材料需要采用能承受电离辐射的材料。辐射可以导致产品的表面性状、功能性和物理性能发生改变，或使一些材料发生裂变，因此需要选用对辐射稳定的材料。

（2）不要求初包装的透气性，因为 γ 射线可以穿透包装材料进入医疗器械结构中。

（3）灭菌过程对无菌屏障系统密封性影响很小，因为整个灭菌过程没有抽真空阶段。

（4）包装箱的密度是重要因素，应保持在过程中始终一致，以保证剂量设置的有效性。

（5）如果医疗器械要求必须是密封包装，要求必须采用非透气性的初包装，这种情况下可以考虑采用此灭菌方法。

3. 灭菌过程控制

（1）作用时间：该灭菌过程时间相对较短。如果大批量的医疗器械一起灭菌时，可能需要等候时间。由于该过程采用辐射剂量放行，灭菌后不需要等候生物学验证的时间。

（2）负载大小：基于辐射承载物尺寸和剂量分布确定。

4. 辐照灭菌的相关标准与规范

——GB 18280.1~3（ISO 11137-1~3）

——AAMI TIR17

——AAMI TIR29

——AAMI TIR33

——AAMI TIR35

第五章　无菌医疗器械初包装设备

第一节　设备种类

1. 预成型的硬质吸塑盒包装设备

一般用于外形较大、较重且需要外壳防护的器械，如穿刺类、骨科类、植入类、手术器械、高压注射器等，一般产量不太大（见图5-1）。

图 5-1　吸塑盒

吸塑盒材质一般为 PETG、APET、PC、PS、PVC、PP、PE、ABS 等，通常采用热成型工艺（吸塑工艺采用的较多）由专业厂家预先加工完成，也可采购吸塑机或制盒机自行制作。

吸塑机（见图5-2）采用红外烘烤加热卷材，并自动成型及裁切出料，适合大批量生产，

图 5-2　吸塑机

当模具设计合理制作精良时生产的产品厚薄均匀、透明度高。吸塑机的出料为包含多个产品的一整版，需配套模切机（见图5-3）将单个产品切下。吸塑机占地较大且在工作时会有烟气产生，需要单独设置生产车间。

图5-3　平压平模切机

制盒机（见图5-4）适合在净化车间内自行生产，以加强对材料、环境的管控。

制盒机

图5-4　制盒机

盖材可以是透气（透析纸、闪蒸法非织造布等）材料，也可以是不透气（薄膜）材料，一般都有热封层。盖材可以由专业厂家预先加工完成，也可以采用卷材在封合时自动切割（需封口机功能支持）。

盖材与吸塑盒的热压封合一般采用热板式封口机完成，采用电加热，吸塑盒放在下模上，封口板下降以实现加热加压封口。封口机有单工位封口机、回转式封口机、连续式封口机等。

单工位封口机（见图5-5），由人工将装有器械的预制吸塑盒放在封口模具内，并在上方放一张预制的上盖材，然后将其推入封口机内封合。完成封合后再由人工将产品取出。单工位封口机占地面积小，生产效率较低。

图 5-5 单工位封口机

回转式封口机（见图 5-6），有一个多工位旋转工作台，具有放盒、放纸、封口、取盒等功能。由人工或自动在放料区将装有器械的预制吸塑盒放在封合模具内，工作台旋转后在上方放一张预制的上盖材，然后工作台转入封口工位内封合，最后转到取盒工位将产品取出。回转式封口机自动化程度及生产效率较高，需使用预制上盖材。

图 5-6 回转式封口机

连续式封口机（见图 5-7），具有一个较长的摆料区，只需由人工或自动将预制的吸塑盒

图 5-7 连续式封口机

（见图5-8）放在摆料区内，并直接在其中放入器械，传动系统分几步自动将吸塑盒送到封合区内封合，封合后的产品从输送带上送出。连续式封口机使用卷状盖材，在封合的同时可以将盖材按塑盒的外形裁切下来，最终由收卷及机构将废料卷取回收。连续式封口机自动化程度及生产效率高，摆料区较长可以满足复杂产品的装盒，卷材的使用降低了成本，同时设备的布局方便添加特定功能（如在线喷码、印刷、贴标等），当产能需求较大时其是较佳的选择。

图5-8 吸塑盒

2. 软性预制袋设备

一般用于体积小、重量轻的器械包装，如敷料类、胶贴类、部分导管类、棉签拭子等。

软性预制袋的典型结构为一面是膜，另一面是膜、透析纸或闪蒸法非织造布等。袋子供应时，除了一个封口（一般是底封）外，其他所有的密封都已形成。保留的开口便于放入器械后在灭菌前进行最终封口。其外形可以根据器械加工成各种规格，也可以是立体袋，以便装入较厚的器械。

软性预制袋由人工完成产品装入和封口，封口机一般采用热辊式或环带式封口机，采用电加热，包装袋送入滚轮或环带间，在输送的过程中被加热封口。这种形式的封口机封口质量一般，效率较高，投资小，生产灵活性较高（见图5-9、图5-10）。

图5-9 软性预制袋

3. 四面封包装设备

用于厚度小、重量轻的器械包装，如医用敷料、纱布、乳胶手套、口罩等产品的单层包装。

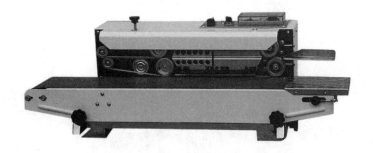

图5-10 环带式封口机

四面封包装的两面均可以采用透析纸、膜或闪蒸法非织造布等，一般都有热封层，两层材料通过热压封合（见图5-11）。

图5-11 四面封包装

四面封包装机（见图5-12）具有连续运行的供料系统，人工或自动将器械放到供料系统上，并自动地被推入上下两层包材之间。包材由牵引轮连续牵引，封合机构在封合的同时会与包材一起平移，以确保包材平整以及充分的封合时间。四面封包装机生产效率较高，但是由于靠包材变形容纳器械，因此适用范围较小。

4. 泡罩包装设备

泡罩包装设备，也称吸塑包装，应用最为广泛，其可用于几乎所有医疗器械的包装，如注射器、输液器等高分子输注类；导尿管、引流管等高分子引流类；呼吸面罩、过滤器等高分子呼吸类；纱布、绷带等医用敷料类；自黏伤口敷料等医用生物敷贴类；口罩、手套、手术衣等医用防护类；口腔护理包、急救包等医用包类；可吸收缝合线、缝合器等医用缝合类；麻醉针、

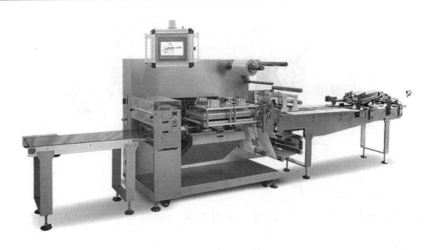

图 5-12　四面封包装机

穿刺针等穿刺类；冲击波治疗仪、电刀笔等监控及治疗仪器类；留置针、齿科器械盒类、骨科器械类的包装。泡罩包装需采用泡罩包装机完成，适合大批量生产。由于设备布局的开放性，方便进行自动填料及特殊功能的定制。

医用泡罩包装是一个被称为成型/充装/密封（FFS）的过程。包装可以是软质的，也可以是硬质的。上、下包材放入泡罩包装机（见图 5-13），包装机先对下包材进行成型（FORMING），再装入（FILL）器械并盖上上包材部分，最后密封（SEALING）形成无菌屏障系统（见图 5-14、图 5-15）。包装最终会被机器自动切割成设定尺寸。由于产品是放置在下包材的型腔内，因此不同尺寸的产品均可适用，不会对封合造成影响。

图 5-13　硬质泡罩包装

平板式泡罩包装机结构包含底膜开卷、底膜成型、器械摆放、顶膜开卷、对版色标检测、印刷、喷码、封合，然后经横向与纵向切割后从输送带将产品输出，废料被卷取收集（见图 5-16）。

泡罩包装机一般可以分为三大系列：辊式、辊板式与平板式泡罩包装机。

辊式泡罩包装机的泡罩成型模具、热封模具和步进装置均为辊筒型，包材连续输送，真空成型。辊式泡罩包装机适用于小口径、小拉伸比、形状简单的硬片（PETG、APET、PS、PVC等）包装，比如药片包装。

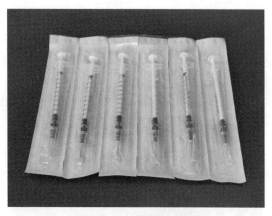

图 5-14　软质泡罩包装

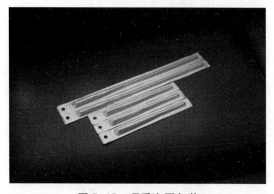

图 5-15　硬质泡罩包装

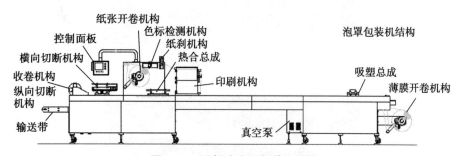

图 5-16　平板式泡罩包装机结构

辊板式泡罩包装机的泡罩成型模具为板式结构，热封模具仍为辊筒型，包材连续输送，是辊式包装机的变型，适用于略大型腔的硬片包装，如胶囊、大片剂药品等。

平板式泡罩包装机的泡罩成型模具与热封模具均为平板式，包材间断式送进，可正负压复合成型，对包装规格的适应性强，排列灵活，成型面积大，可进行复杂型腔的成型与包装。根据机型的不同可用于硬片或软膜的包装。平板式泡罩包装机是医疗器械包装的主流产品。

平板式泡罩包装机根据底层包材送进方式的不同，可以分为有夹持链牵引型和无夹持链牵引型。无夹持链型为早期的产品，只能用于硬膜，由于底膜的送进是由一对夹爪夹住片材后做往复运动送进，步进精度低，尤其不适合需经常停机的工况，且设备的各个工位均为机械联动，工艺参数设置不自由。在医疗器械包装领域已被有夹持链牵引的机型替代。

不同器械有不同的包装要求，需要选择不同的泡罩包装机。平板式泡罩包装机可以分为软膜型、软硬膜通用型、硬膜型、铝膜型等，当有特殊包装需求时也可向厂家提出定制要求。

（1）软膜型泡罩包装机（见图5-17）。软膜型泡罩包装机为基础型包装机，也是应用最为广泛的泡罩包装机。可以用于注射器、注射针、输液器、头皮针、三通、肝素帽、纱布、手套、绷带、导尿管、吸痰管、血路管、手术衣、急救包、防护服、腹部垫、洗手刷等产品。这些产品的共同特点是：重量轻，产品无尖锐外形或已经有防护，无须无菌包装再次提供外形的保护，包装产品实例见图5-18~图5-22。软膜包装成本相对较低。

图 5-17 软膜型泡罩包装机

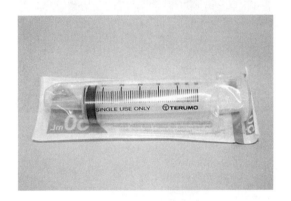

图 5-18 注射器

图 5-19 注射针

图 5-20 导管

图 5-21　敷料包（1）

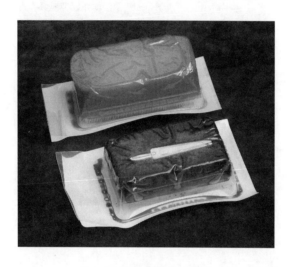

图 5-22　敷料包（2）

　　软膜型包装机的成型工位常规为上加热成型如图 5-23（a）所示。上加热成型一般用于拉伸比不大的简单型腔的成型，如较小规格的注射器、纱布等的包装。上加热成型的加热板在成型模具的上方，先将薄膜向上吸在加热板上加热，然后直接向下吸塑成型。这种成型方式，结构简单，工艺参数调整方便，成本较低，但是薄膜成型后的厚度均匀度较差，型腔底部四角处是最薄的位置。

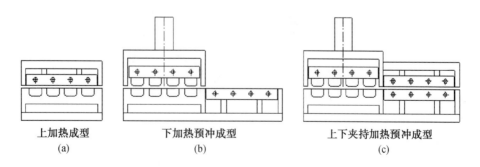

上加热成型　　　　　　　下加热预冲成型　　　　　上下夹持加热预冲成型
（a）　　　　　　　　　　　（b）　　　　　　　　　　　（c）

图 5-23　加热成型方式

　　当型腔较复杂或拉伸比例较大时（一般地，型腔的深度与宽度比接近 1∶1 时我们认为拉伸比已经较大了），如绷带、大规格注射器、某些杯类包装，可以采用预冲成型的方式，即在吸塑前先用配套的冲头将加热过的薄膜向下冲到一定的深度，然后再吸塑成型。预冲的目的在于将型腔的侧面材料拉薄，以增加底部的厚度。预冲结构决定了必须采用下加热的方式（见图5-23（b）），以腾出成型模具上方的空间用于预冲拉伸。预冲成型的型腔厚度比较均匀，通过调整冲头冲入的深度，可以调节型腔各部位的薄膜厚度，甚至可以做到底部比侧面更厚的情况。当包材厚度大于0.3mm时，需采用上下夹持加热的方式（见图5-23（c）），以改善加热的均匀性。

在实际生产中已经有越来越多的企业选用了带预冲成型功能的包装机和模具（见图5-24）以降低包装破损的风险。

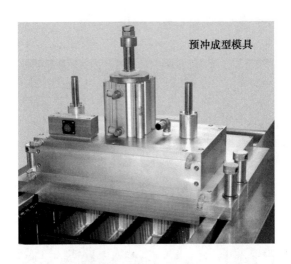

图5-24　预冲成型模具

（2）软硬膜通用型泡罩包装机。软硬膜通用型泡罩包装机在软膜型的基础上增加了硬膜包装功能。一般是针对较大的硬膜包装，如手术敷料包、齿科器械盒（见图5-30）、过滤器、穿刺包、各种杯类等（见图5-25~图5-29）。

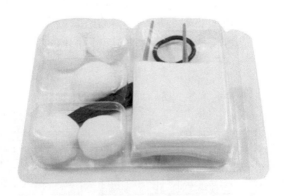

图5-25　敷料包

硬膜包装与软膜包装最大的区别在于硬膜包装需要在产品的四角加工出圆角，以防止产品互相损伤以及扎伤使用者。因此，软硬膜通用型泡罩包装机需具有硬片横切机构，分为压断式（见图5-31~图5-32）和冲断式两种。

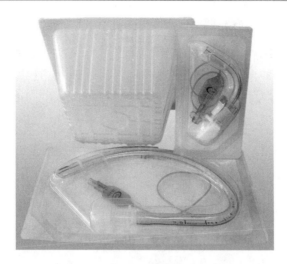

图 5-26　穿刺包

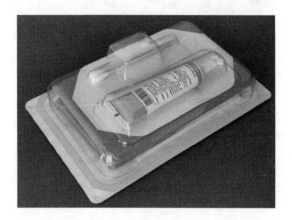

图 5-27　器械包

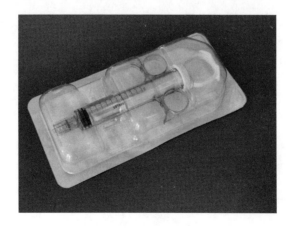

图 5-28　器械盒（1）

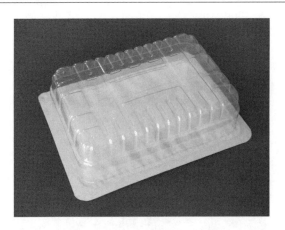

图 5-29　敷料盒

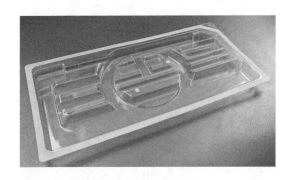

图 5-30　器械盒（2）

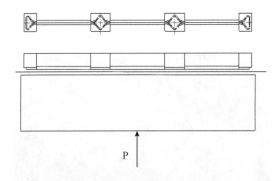

图 5-31　硬片圆角压断式模具

　　压断式通过圆角压刀与直线压刀的组合，在油缸施加很大的压力下，将包材压断，废料从圆角压刀的中间排出。

　　冲断式通过凸模与凹模，将包材冲掉一定的宽度，横切的边缘更光滑。

　　硬片横切机构和纵向剪切机构（见图 5-33）配合，可以生产带圆角的硬片包装。值得指出的是，这种拼接产生圆角的形式在实际生产中多少会有一些瑕疵，因此适用于较大的产品包装（比如一排 3 个）。这种方式的优势是模具成本较低，且当生产长度不同但宽度不变的硬膜包装

图 5-32　硬片圆角压断式产品

时，横切冲模是无须更换的。对于要求很高或较小的产品如留置针等，应选用整体冲裁的切割方式以实现完美圆弧。

图 5-33　硬片横切机构和纵向剪切机构

（3）硬膜泡罩包装机（见图5-34）。一般用于较小的硬膜包装产品，如留置针、三通、美容针、生物辅料及一些托盘类产品等。指采用整体冲裁模具实现产品外形切割的包装机，一般不具备软膜加工功能。

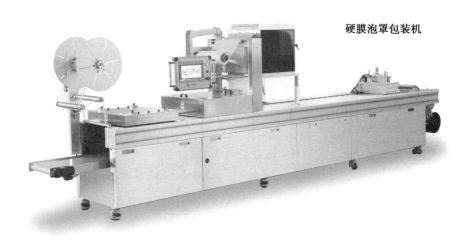

硬膜泡罩包装机

图5-34　硬膜泡罩包装机

硬膜泡罩包装机由于采用了整体冲裁的外形切割方式，其废料为网格状而不像软硬通用型的两条废边，因此材料损耗较大，但是产品外形完美，适合用于整体外形较小的产品或对包装品质要求较高的产品（见图5-35~图5-39）。

图5-35　实现产品（1）

图5-36　实现产品（2）

图 5-37 实现产品（3）

图 5-38 实现产品（4）

图 5-39 夹持加热预冲成型模具

（4）铝膜泡罩包装机。用于上下都为铝膜的产品包装，如用于包装加液导尿管、可吸收缝合线等这些对阻隔性要求较高的产品（见图 5-40~图 5-44）。

铝膜泡罩包装机的成型方式与其他包装机不同，为压制成型，另外产品的切割方式以及冲孔、贴标具有特殊要求，因此一般专机专用。

（5）制盒机（见图 5-45）。用于硬吸塑盒的生产，如齿科器械盒内的托盘、高压注射器包装盒等（见图 5-46~图 5-48）。

冲裁废料收卷

图 5-40 冲裁废料收卷装置

加液导管铝膜泡罩包装机

图 5-41 加液导管铝膜泡罩包装机

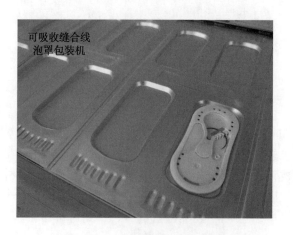

可吸收缝合线
泡罩包装机

图 5-42 可吸收缝合线泡罩包装机

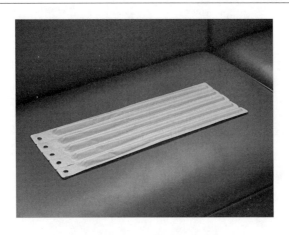

图 5-43　铝膜泡罩包装（1）

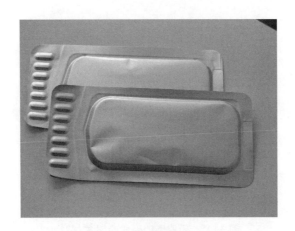

图 5-44　铝膜泡罩包装（2）

制盒机

图 5-45　制盒机

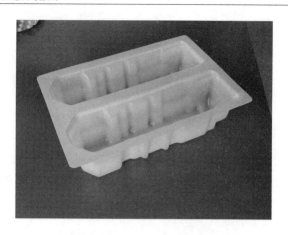

图 5-46　预成型的硬质吸塑盒（1）

图 5-47　预成型的硬质吸塑盒（2）

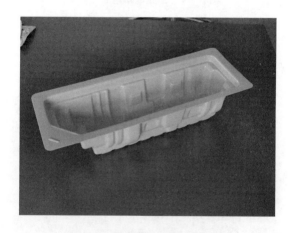

图 5-48　预成型的硬质吸塑盒（3）

　　当使用预成型的硬质吸塑盒包装时，一般采用外购的形式，但是外购产品的生产管控困难，因此一些企业采购制盒机来自行生产，以加强对使用材料、生产环境的管控。

　　（6）包材的在线印刷。泡罩包装机上层包材采用医用透析纸时，可以采用配套的在线印刷机。与预成型的吸塑盒一样，在线印刷可以减少预印刷纸张的浪费、降低成本，同时也能对印刷环境有效管控。另外，当上层包材采用弹性较大的材料时，由于张力的变化会导致预印刷的间距有较大波动，对印刷厂家的要求较高，对包装机的对版生产也有一定影响，这种情况下更适合采用在线印刷方案。

在线印刷机有两种形式：平板式和滚筒式（见图5-49）。

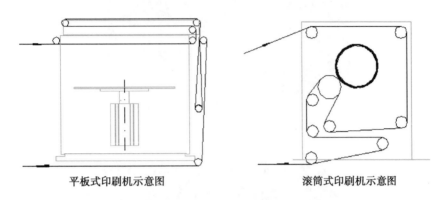

平板式印刷机示意图　　　　　　　　滚筒式印刷机示意图

图5-49　在线印刷机

平板式在线印刷机（见图5-50）是指将柔性版粘贴在平板上，在包装机走纸完成后的停顿时间里进行上墨和印刷的形式。适合印刷较小的产品，印刷内容以文字类为佳。平板式在线印刷机成本较低，但色块印刷效果较差。

图5-50　平板式在线印刷机

滚筒式在线印刷机（见图5-51）是指将柔性版粘贴在滚筒上，在包装机走纸完成后的停顿时间里进行上墨和印刷的形式。适合印刷各种产品，色块的印刷效果非常饱满。滚筒式在线印刷机成本较高，印刷范围大，可以用于长导管产品的满版印刷。

在线印刷机一般都是单色印刷，采用柔性字版，不同的包装只需制作相应的柔性字版即可。目前已有厂家开始生产双色的滚筒印刷机以满足双色印刷的需求。

（7）批号及UDI码在线打印。批号及UDI码一般采用热发泡喷码机（见图5-52）在线喷印，当喷印UDI码或在特殊材质上喷码时需使用特殊墨盒以满足级别要求（见图5-53）。

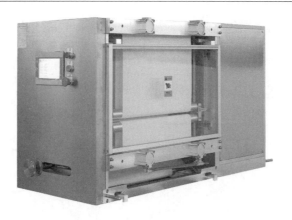

图 5-51　滚筒式在线印刷机

图 5-52　滚筒式在线印刷机及上方安装的喷码机

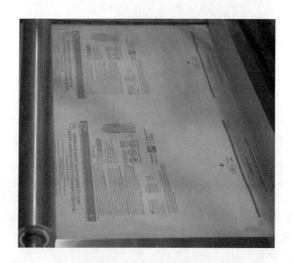

图 5-53　滚筒式在线印刷与喷码效果

　　在塑膜上或闪蒸法非织造布上打印时也可选择热转印形式，采用色带热转移的原理，效果非常饱满，但是打印成本较高，不仅是色带的成本，还要考虑打印头的更换成本（见图 5-54）。

图 5-54　在线热转印打印机

当包装机不配备印刷机或配备不同的印刷机时，由于牵涉到绕纸方式的区别，因此要尽量在订购包装机时统筹考虑好。另外也可选择安装视觉检测系统以监控喷码质量并能在缺墨时及时报警。

现在还有一种紫外线激光打码机，可以在透析纸印刷色块上打印批号，但是其对于纸张阻菌性能的影响以及功率波动的风险还有待验证。

（8）器械的自动摆放。现在市场上已有注射器、注射针、肝素帽等自动摆料机，其他产品也可委托生产商定制（见图 5-55~图 5-57）。

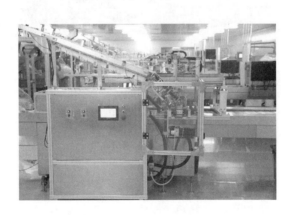

图 5-55　注射器自动摆料机

由于泡罩包装机成型型腔设计具有多样性，可以满足不同产品外形；包装机布局结构具有开放性，即使有特殊的要求也方便定制机构来实现；同时，有充足开放的摆料空间可以安装自动摆料机或人工摆放，因此对不同的器械几乎均可满足包装要求，已成为主流的包装形式。

图 5-56　注射器的自动摆动

图 5-57　注射针自动摆料机

第二节　设备的确认

无菌医疗器械生产包装过程是一个特殊过程，在使用新的包装设备或设备变更场地等情况下，必须执行安装确认（IQ）（Installation Qualification）。

应对安装确认活动进行策划并形成文件。如果所用设备的安装确认之前已经执行，则应评估确定其是否满足当前确认活动的要求。

包装过程的安装确认：根据设备供应商提供的技术规范和按照其规范进行设备安装的证据，并形成文件的过程。

安装确认过程文件的形成，应遵从 GB/T 19633.2《最终灭菌医疗器械的包装　第 2 部分：成型、密封和装配过程的确认要求》标准。GB/T 19633.2 标准规定了最终灭菌医疗器械包装过程的开发与确认要求。这些过程包括预成型无菌屏障系统和包装系统的成型、密封和装配。适用于工业、医疗机构对医疗器械的包装和灭菌。

安装确认由包装设备的使用厂家进行确认，设备制造商负责提供必要的技术文件资料，对于配套仪器及传感器的校准一般由使用厂家负责。

（1）安装确认应考虑确认的因素。

1）设备试验特点；

2）安装条件，如布线、效用、功能等；

3）安全性；

4）设备在标称的设计参数下运行；

5）随附的文件、印刷品、图纸和手册；

6）配件清单；

7）软件确认；

8）环境条件，如洁净度、温度和湿度；

9）形成文件的操作者培训；

10）操作手册和程序。

（2）应规定关键过程参数。

（3）关键过程参数应得到控制和监视。

（4）报警和警示系统或停机应在经受关键过程参数超出预先确定的事件中得到验证。

（5）关键过程仪器、传感器、显示器、控制器等应经过校准并有校准时间表。校准宜在性能确认前和确认后进行。

（6）应有书面的维护保养和清洗时间计划。

（7）程序逻辑控制器、数据采集、检验系统等软件系统的应用，应得到确认，以确保其预期功能。应进行功能试验以验证软件、硬件，特别是界面功能是否正确。系统应经过核查（如输入正确和不正确的数据、模拟输入电压的降低）以测定数据或记录的有效性、可靠性、一致性、精确性和可追溯性。

（8）设备使用厂家可根据 GB/T 19633.2 标准制定确认文件。

（9）如果上述的安装确认过程不适应，则更广泛的安装确认活动可参考 GB/T 19633.2 标准的要求。

1）建立安装检查表。

①设备设计特点；

②安装条件；

③安全特性；

④供应商文件、印刷物、图纸和手册；

⑤维修部件清单。

2）确认设备在设计参数下操作。

3）执行软件确认。

4）建立环境条件。

5）为设备操作建立标准作业指导书（Standard Operation Procedure，SOP）。

6）确认关键过程参数受控并有监测，如温度、压强、保压时间。

7）建立校准程序和计划。

8）建立预防性维护清洁程序和计划。

（10）参考案例：泡罩包装机安装确认（IQ）。

1）设备的识别（见表5-1）。

表 5-1 设备的识别

设备名称	某型泡罩包装机#机
安装日期	
确认场地	
确认承担部门	
主要机能说明	泡罩成型、与涂胶纸封合、切割形成单个产品

2）安装确认的内容和结果（见表 5-2）。

表 5-2 安装确认的内容和结果

项目	机能	判定	
安装条件确认	电源供给确认	□合格	□不合格
	气流供给、排气确认	□合格	□不合格
	水供给、排水确认	□合格	□不合格
安全性确认	作业安全性	□合格	□不合格
	紧急停止开关	□合格	□不合格
	安全防护罩	□合格	□不合格
功能确认	PLC I/O 点测试	□合格	□不合格
	基本操作性	□合格	□不合格
设备软件确认	功能的实现	□合格	□不合格
关键部位检查与校正	关键部位检查与仪表校正	□合格	□不合格
维修保养确认	维修保养资料	□合格	□不合格
设备安装状态确认	整机状态及机械清洁度等	□合格	□不合格

注：具体确认内容见表 5-3 至表 5-11。

3）记录保存。

针对上述确认内容，应在附页上详细记录确认的结果并予以保存。

4）确认结论。

根据上述确认结果，判断设备处在以下状态：

——按照上述项目进行确认，全部合格，设备安装正确，空载运行正常，预期功能满足要求。

——按照上述项目进行确认，有一个以上项目不合格时，设备安装不正确，空载运转异常或预期功能达不到要求。对不合格项目实施如下处理（见表 5-3 至表 5-11）：

表 5-3 设备安装确认书：安装条件确认

设备名称：某型泡罩包装机　#机	检验员：
项目：安装条件确认	日期：

判定表示：〇（合格）；△（修正合格）；×（不合格）；——（不需要）。

对标有△的内容，把修正的内容记录到备注栏里。

对标有×的内容，向设备管理负责人报告，得到指示后，记录到备注栏里。

检查项目	判定方法	结果判定
一、电源供给容量、方法是否适合		
□供给电压 AC380V±10%、（运转时测定值＿＿＿＿ V）	电压表测定	
□配线容量＿＿＿＿ A （实际使用量/开关容量=＿＿＿＿ A/＿＿＿＿ A）	电流表测定	
□相数 3φ □接地 □连接端子的拧紧状态	目视	
□配管的防锈处理□防止灰尘落下□供给电压的表示□配线的保护	目视	
□配线路径不妨碍生产作业、设备和机床的清扫	目视	
二、压缩空气的供给和排气的内容、方法是否适合		
□供给气流压力＿＿＿＿ MPa	压力确认	
□运转时压力变动＿＿＿＿ MPa	压力确认	
□是否采用了无油润滑的元器件 □总进气不得安装油雾器	目视	
□异常声音、振动 □气流泄漏	触诊·听诊	
□配管路径不妨碍生产作业、设备和机床的清扫	目视	
三、冷却水的供给和排水的内容、方法是否适合		
□供给水压力＿＿＿＿ MPa	压力确认	
□供给水流量＿＿＿＿升/分钟以上	流量确认	
□配管防锈处理和固定 □排水能力	目视	
□防止结露的材料 □与机器的连接方法 □是否漏水	目视	
□异常声音、振动 □气流泄漏	触诊·听诊	
□配线路径不妨碍生产作业、设备和机床的清扫	目视	

备注：

表 5-4 设备安装确认书：安全性确认

设备名称：某型泡罩包装机 #机	检验员：
项目：安全性确认	日期：

判定表示：○（合格）；△（修正合格）；×（不合格）；——（不需要）。
对标有△的内容，把修正的内容记录到备注栏里。
对标有×的内容，向设备管理负责人报告，得到指示后，记录到备注栏里。

检查项目	判定方法	结果判定
一、作业安全性的确认		
□有没有被机器卷进去的部分	目视	
□刀刃等锐利部分是否露出	目视	
□是否有烧伤和冻伤的危险	目视	
□配线保护是否得当	目视	

续表

一、作业安全性的确认	判定方法	结果判定
□自动装置是否具备适当的安全装置	目视	
二、紧急停止开关功能的确认		
□是否安装在工作者操作可能的范围	目视	
□机器的即时停止是否有效	实际操作	
□非常停止时是否能表示（红）	目视	
□非常停止时重新启动是否被禁止	实际操作	
三、安全防护罩		
□打开时机器能否紧急停止	实际操作	
□打开时驱动部能否停止	实际操作	
□是否成为禁止启动的条件	实际操作	

备注：

表5-5 设备安装确认书：功能确认（PLC I/O 点测试）

设备名称：某型泡罩包装机　#机	检验员：
项目：功能确认（PLC I/O 点测试）	日期：
<div align="center">检查项目</div>	

记录要领：对设备的 PLC 输入输出地址逐一进行实际动作确认。
对已被确认的动作，在附加电路图或 I/O 清单的输入输出地址中，进行标记。
对没有被确认的内容，向设备管理负责人报告，得到指示后，记录到备注栏里。

确认结果判断如下：
□对 PLC 的 I/O 进行确认的结果，所有输入输出地址动作已被确认，符合电路图设计要求。
□对 PLC 的 I/O 进行确认的结果，有一个以上的项目没有合格，应进行如下处理。

备注：

表5-6 设备安装确认书：功能确认（基本操作性的确认）

设备名称：某型泡罩包装机　#机	检验员：
项目：功能确认（基本操作性的确认）	日期：

判定表示：○（合格）；△（修正合格）；×（不合格）；——（不需要）。
对标有△的内容，把修正的内容记录到备注栏里。
对标有×的内容，向设备管理负责人报告，得到指示后，记录到备注栏里。

检查项目			
基本操作性的确认		判定方法	结果判定
自动启动	□作为启动条件的动作模式是否被选择	实际操作	
	□作为启动条件是否把包括紧急停止的异常作为条件	实际操作	
	□作为启动条件是否把包括防护罩的异常作为条件	实际操作	
	□启动警报能否响	实际操作	
	□启动过程中启动指示灯是否点亮	目视	
自动停止	□是否停止在可能重新启动的位置	实际操作	
	□启动指示灯是否熄灭	实际操作	
异常重新设置	□正在解除异常时能否解除异常记忆	实际操作	
	□异常表示能否用重新设置按钮来解除	实际操作	
警报	□异常发生时的警报能否响起	实际操作	
	□异常发生时的警灯能否点亮	实际操作	

备注：

表5-7 设备安装确认书：设备软件的确认

设备名称：某型泡罩包装机 #机	检验员：
项目：设备软件的确认	日期：

判定表示：○（合格）；△（修正合格）；×（不合格）；——（不需要）。
对标有△的内容，把修正的内容记录到备注栏里。
对标有×的内容，向设备管理负责人报告，得到指示后，记录到备注栏里。

检查项目		
设备软件的确认	判定方法	结果判定
□通电后，触摸屏能否正常启动	实际操作	
□触摸屏能否与PLC正常通信	实际操作	
□通电后，能否对成型及封合工位的加热功能进行设置及选择	实际操作	
□成型、封合的加热功能选择和能否加热	实际操作	
□能否对部分工位选择工作或关闭	实际操作	
□牵引链的移动量是否能达到设定值	实际操作	
□当成型与封合温度未达到设定值时设备是否不能启动	实际操作	
□设备异常时能否报警停机	实际操作	
□触摸屏操作键能否与设定页面及功能对应	实际操作	
□成型、封合工位的温控参数能否进行调整设定	实际操作	
□设备订购时的特殊要求	实际操作	

备注：

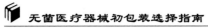

表 5-8　设备安装确认书：关键部位的检查

设备名称：某型泡罩包装机　#机			检验员：	
项目：关键部位的检查			日期：	

判定表示：○（合格）；△（修正合格）；×（不合格）；——（不需要）。

对标有△的内容，把修正的内容记录到备注栏里。

对标有×的内容，向设备管理负责人报告，得到指示后，记录到备注栏里。

检查项目

关键部位的检查		判定方法	结果判定
成型工位	□模具有无漏水漏气	目视	
	□模具升降有无异响	目视、听诊	
	□泡罩成型效果是否理想	目视	
开卷机构	□包材能否可靠锁紧	实际操作	
	□各滚筒能否灵活转动	实际操作	
	□刹车机构能否可靠制动包材	实际操作	
封合工位	□模具有无漏水漏气	目视	
	□模具升降有无异响	目视、听诊	
	□撕开后封合面是否完整，网纹是否清晰均匀	目视	
	□封合气囊有无漏气或异响	听诊	
薄膜牵引	□底膜咬入是否平整可靠，无跑偏	目视	
横切工位	□切口是否平整，无过量纸屑	目视	
	□机构动作有无异响	目视、听诊	
纵切工位	□切口是否平整，无过量纸屑	目视	
	□机构动作有无异响	目视、听诊	

备注：

表 5-9　设备安装确认书：仪表的校正

设备名称：某型泡罩包装机　#机			检验员：	
项目：仪表的校正			日期：	

判定表示：○（合格）；△（修正合格）；×（不合格）；——（不需要）。

对标有△的内容，把修正的内容记录到备注栏里。

对标有×的内容，向设备管理负责人报告，得到指示后，记录到备注栏里。

检查项目

一、温度传感器及温控仪（温控模块）		判定方法	结果判定
成型工位	□温度传感器需拆卸并送计量部门确认	目视	
	□温度传感器在温控仪的显示值与在标准仪表上的显示值之差不大于±2℃	实际操作	
	□温度传感器在温控仪的显示值与表面温度计的测得值之差不大于±5℃	实际操作	
封合工位	□温度传感器需拆卸并送计量部门确认	目视	
	□温度传感器在温控仪的显示值与在标准仪表上的显示值之差不大于±2℃	实际操作	
	□温度传感器在温控仪的显示值与表面温度计的测得值之差不大于±5℃	实际操作	

二、压力表			
总进气压力表	□压力表的显示值与标准压力表的读取值之差不大于±0.05MPa	实际操作	
封合压力表	□压力表的显示值与标准压力表的读取值之差不大于±0.05MPa	实际操作	
切刀压力表	□压力表的显示值与标准压力表的读取值之差不大于±0.05MPa	实际操作	

备注：

注：对温度传感器的测定，可在 100℃、120℃、140℃ 三个温度下各测定 3 组数据。对压力表的测定，可在 0.2MPa、0.3MPa、0.4MPa、0.5MPa 四个气压下各测定 1 组数据。具体测试数据另附表记录。

表 5-10 设备安装确认书：维修保养确认

设备名称：某型泡罩包装机 #机		检验员：
项目：维修保养确认		日期：

判定表示：○（合格）；△（修正合格）；×（不合格）；——（不需要）。
对标有△的内容，把修正的内容记录到备注栏里。
对标有×的内容，向设备管理负责人报告，得到指示后，记录到备注栏里。

检查项目		
维修保养资料确认	保管部门	结果判定
□某型泡罩包装机使用说明书		
□某型泡罩包装机电器原理图		
□某型泡罩包装机电器接线图		
□某型泡罩包装机气路图		
□某型泡罩包装机冷却水路图		
□外购件说明书		
□产品合格证		

备注：

表 5-11 设备安装确认书：设备安装状态确认

设备名称：某型泡罩包装机 #机		检验员：
项目：设备安装状态确认		日期：

判定表示：○（合格;）△（修正合格）；×（不合格;）——（不需要）。
对标有△的内容，把修正的内容记录到备注栏里。
对标有×的内容，向设备管理负责人报告，得到指示后，记录到备注栏里。

检查项目		
一、整机状态确认	判定方法	结果判定
□整机是否调整水平	水平尺	
□整机是否为一直线	拉线	

续表

二、机械清洁度确认		
□机器有没有破损、弯曲等的损伤	目视	
□是否有机械表面油漆剥落、生锈等的发生	目视	
□设备内部的碎末、油污是否清除干净	目视	
□电器柜内的碎末、油污是否清除干净	目视	
□设备表面的碎末、油污是否清除干净	目视	
□设备工作时是否可能会产生碎末或油污污染产品	目视	

备注：

第六章 无菌医疗器械初包装用材料种类及其选择

第一节 初包装用材料种类

无菌医疗器械初包装材料（Packaging Material）是指任何用于密封/闭合无菌医疗器械包装系统的材料。常见的有包裹材料、纸、塑料薄膜、非织造布、可重复使用的织物等。按照透气性差别又可分为不透性材料和透性材料。

一、纸质类

1. 医用透析纸（造纸行业称为"白牛皮纸"）

具有一定微生物屏障功能的特殊纸质材料，广泛用于灭菌袋的生产和器械自动化的包装。此类材料最大的优点是成本较低。主要体现在以下五个方面：

（1）由于此类材料不能在受控环境下生产，所以对于有微粒要求的医疗器械来说很难直接使用。

（2）由于纸质材料直接和高分子材料之间进行密封，需要的温度较高，保压时间较长，因此，对于大批量生产的器械，在线包装时，包装效率较低。

（3）封口强度的均值偏差较大。但是，最近有一些改性的薄膜，通过对内层薄膜组分进行物理改性，使原纸与膜直接热合更容易（见本节第二部分），也有一些造纸企业对纸张的表面性能进行改进，使封口质量可以得到部分改善。

（4）由于无菌产品对微生物屏障性能的要求是持续稳定，一个针孔就会导致一个无菌产品的失效，而造纸工厂生产的原纸会存在空隙大小不一的情况，偶尔也会有针孔等，对产品带来很大的挑战。因此，对无菌要求高的高风险医疗器械产品在选择初包装材料时一定要考虑到这一点。

（5）这个产品最大的应用是，直接使用医用透析纸材料和复合膜热封，形成的初包装用于医疗机构高压蒸汽灭菌后短期内（一般是一周至一个月，最多不允许超过半年）使用的场合，即使这样，考虑到可能存在无菌失效的风险，对灭菌后的无菌产品的储存条件也有很严格的要求（参见 WS 310·2）。

2. 涂布纸（俗称"涂胶纸"）

以医用透析纸为基材，涂布一层以 EVA 为主或其他材料的黏合层，使纸质材料与高分子材料能够更好地密封，形成更均匀一致的密封状态，密封强度均值偏差范围比较小；由于涂布工艺可以安排在受控环境下进行，产品有较好的卫生性能，微粒和初始污染菌可以得到控制；一些涂布工艺（如满涂的产品），可以弥补纸张表面上的空隙，使微生物屏障性能得到改善，广泛用于低温灭菌的一次性无菌医疗器械的包装。根据涂布胶黏剂的不同，涂布纸可以分为四种：

（1）溶剂型热熔胶：EVA 等材料溶解在烷烃或其他混合溶剂中，这是常用的涂布方式，优点是涂布均匀稳定，涂布设备简单，产品密封的稳定性良好；缺点是产品可能有一定的溶剂残留，涂布生产过程中的溶剂挥发会对生产人员造成一定的危害，生产安全性较差，对环境也有一定的破坏。

（2）水溶性热熔胶或水乳液型热熔胶：使用水溶性 EVA 或 EVA 乳液或其他水溶性树脂和乳液，使用这种材料涂布是对溶剂型热熔胶涂布的改进，解决了涂布生产过程中因溶剂挥发造成的对生产人员的危害和对环境的破坏，涂布工艺安全且不污染环境，但由于熔胶中加入了一定的改善流动性的助剂，产品在运输过程中摩擦时可能会产生一定的粉末，因此应对易与器械产生摩擦的情况予以验证。另外，因为以水为溶剂，水会在涂布过程中转移到纸上，由于烘干强度或气候条件的不同会造成纸基中含水量的不同，因此会给后续加工（特别是印刷工序）带来较大的影响。

（3）无溶剂型热熔胶：直接将 EVA 或其他固体树脂材料混合形成的热熔胶，在高温下直接将熔融的热熔胶涂布到纸基上，不仅解决了涂布在生产过程中因溶剂挥发造成的对生产人员和环境的危害，也解决了掉粉现象和纸基中残留水分不同对后续加工的影响。这种工艺方法比较复杂，投入较高，员工要经过良好的培训才能操作。

（4）自黏型冷压胶纸：以天然乳胶为主要成分，不需要加热，只需要一定的压力即可黏合，多用于创可贴等一次性辅料产品。

3. 淋膜纸

在纸基材料的一面复合一层高分子薄膜材料，高分子材料一般采用聚乙烯。这种材料广泛用于和涂布纸热封并用于低温灭菌的医用敷料和医用手套的包装。根据预期用途不同，高分子材料也可以是聚丙烯、EVA 等其他材料。

除以上常用的纸质类材料外，还有一些经特殊加工且有特殊用途的纸质类产品，如皱纹纸、吸水纸、擦拭纸等。

二、高分子薄膜

高分子薄膜按材质可分为聚乙烯、聚丙烯、聚酰胺等。医用包装使用的薄膜很多都是混合型的材质，同一层薄膜可能含有不同的材质，按加工方法分类可以分为以下几种：

1. 单层挤出吹胀法薄膜

高分子材料经挤出机熔融塑化，通过机头模口挤出，靠空气吹泡形成薄膜，这种方法一般用于聚乙烯薄膜的生产。根据物料行进的方向不同可以是上吹法，也可以是下吹法。根据冷却的方式不同可以是风冷法，也可以是水冷法，但最常用的是上吹风冷法，如输液器换标之前的初包装（窗口袋）就是这种薄膜。这种薄膜初包装生产工艺简单，设备投资少，可以吹膜和印刷一体完成，产品成本低，但这类初包装会存在针孔，部分无菌产品会出现无菌失效，使用这类初包装，产品风险比较高，且后续器械制造商要人工装袋，生产效率低。

2. 三层或多层共挤吹胀法薄膜

高分子材料经三台或三台以上的挤出机熔融塑化，通过机头模口同时挤出，靠空气吹泡形成薄膜。这种方法可以形成聚乙烯、聚丙烯等单一材质的薄膜，也可以形成同一材质不同型号的混合，如等规聚丙烯和无规聚丙烯的混合，还可以形成组合材质的薄膜，如聚乙烯和聚丙烯的组合，或聚乙烯和聚酰胺的组合等。根据物料行进的方向不同可以是上吹法，也可以是下吹法。根据冷却的方式不同可以是风冷法，也可以是水冷法，但一般采用下吹水冷法，如我们最常使用的在线吸塑成型的 SBS 类的初包装都是这种薄膜。如果综合考虑包装材料成本和包装效率成本的话，这种薄膜可能是目前成本最优的选择。使用这种薄膜最大的风险在于薄膜的微生物屏障性能是由薄膜工厂提供的验证，这种验证是基于薄膜工厂出厂的产品厚度（一般是在 $90\mu m$ 以上），而薄膜在器械制造商吸塑的过程中会被减薄，各个器械制造商的设备和模具不同，膜被减薄的程度也会不同，减薄的薄膜微生物屏障性能会下降，一般低于 $30\mu m$ 时，使用 GB/T 19633 附录方法验证时可能就会出现问题，目前这种情况很普遍，希望引起行业的重视。

3. 三层或多层共挤流延法薄膜

高分子材料经三台或三台以上的挤出机熔融塑化，通过狭缝机头模口挤出，使熔料紧贴在冷却辊筒上，经过拉伸、切边、卷取等工序制成的薄膜。形成的材质和吹胀法基本上相同，但生产效率有所提高，薄膜使用的原材料（粒料）可有更广泛的选择，薄膜的厚度均匀性、透明度、韧性和柔软性更好一些，但设备投资比较大，操作要求更专业。

4. 自黏膜

采取上述 2 或 3 类加工方法，在内层配方中加入一些 EMA 或其他改性树脂粒子增加薄膜的黏合性能，可以使薄膜直接与纸张热合，这就是市场上所谓的"自黏膜"，由于流延法加工比吹胀法来说需要原料粒子具有更高的熔体指数，因此薄膜更容易热封，同时这种加工方法可以使薄膜具有更好的平整性和透明度。

5. 干法复合膜

使用黏合剂将两层薄膜复合到一起后形成的薄膜，如聚酯薄膜、聚乙烯薄膜。对这种薄膜的印刷一般是印刷在两层之间，称为"凹版里印薄膜"。

在初包装中大量使用的纸塑袋上的薄膜就属于这种薄膜。干法复合膜根据使用胶的不同又有三种情况：

（1）溶剂胶复合，这是最传统的复合工艺，设备投资少，复合强度高，但可能存在溶剂残留问题。

（2）水性胶复合，这种工艺在初包装里应用比较少，在日用品和其他工业品中应用比较多，如有一种中盒外表是覆膜的，这个产品一般使用水性胶复合。水性胶一般采用聚合丙烯酸乳液，黏结强度不如溶剂胶复合和无溶剂胶复合，用于初包装可能会分层。

（3）无溶剂胶复合，溶剂胶是一种双组分聚氨酯黏合剂，当使用两种液体单体直接聚合时，就可以去掉溶剂，就是现在所谓的无溶剂胶，而溶剂胶一般采用的是预聚体，虽然可能存在溶剂残留问题，但一般不会存在单体残留问题，而无溶剂胶则可能存在单体残留问题，这种单体的毒性远远大于溶剂，这种情况目前还没有相关标准，所以问题可能更严重，望引起行业的高度关注。

6. 压延法薄膜

高分子材料经开炼机或输送混炼机塑化后，直接喂入压延机的辊筒之间，经压延机压延成片或膜。这种方法一般生产比较厚的硬质的片材，如医疗器械包装用吸塑盒的原材料。

除以上薄膜外，常用的薄膜还有拉伸膜、热收缩膜、缠绕膜等，这些薄膜也有应用，但不属于初包装范畴。

三、非织造材料（俗称"无纺布"）

无纺布（Non Woven Fabric/Nonwoven Cloth），又称非织造布，由定向的或随机的纤维构成，因其具有布的外观和某些性能而被称为布。医用无纺布是利用化学纤维包括聚酯、聚酰胺、聚四氟乙烯（PTFE）、聚丙烯、碳纤维和玻璃纤维制成的医疗卫生用纺织品，如一次性口罩、防护服、手术衣、隔离衣、实验服、护士帽、手术帽、医生帽、手术包、产妇包、急救包、尿布、枕套、床单、被套、鞋套等医用耗材。与传统的纯棉机织医用纺织品相比，医用非织造织物具有对细菌和尘埃过滤性高、手术感染率低、消毒灭菌方便、易于与其他材料复合等特点。医用非织造产品作为用后即弃的一次性用品，不仅使用便利、安全卫生，还能有效地防止细菌感染和医源性交叉感染。无菌医疗器械包装使用的非织造材料一般有两种：

（1）SMS型无纺布。由三层纤网（纺粘无纺布+熔喷无纺布+纺粘无纺布）热轧而成。广泛用于医疗机构灭菌包装的包裹材料，也可用于一次性手术敷料的包裹材料。其中M层具有阻菌功能，而两侧的S层只提供支撑，没有阻菌性能。生产过程中每一层是由一台独立的挤出机执行，因此这个类型的产品也有四层和五层结构的产品，也就是所谓的"SMMS""SMMMS"型无纺布。M层多阻菌性能可能更好一些，但不管有多少个M层，由于M层的材料一般选用聚酯材质，这种材质都是脆而硬的，所以经折叠过的无纺布，折痕处很难再具备阻菌功能，望使用者在使用这类产品时不要在无菌打开前折叠初包装材料。

（2）多层闪蒸法聚烯烃构成的产品。广泛用于各类医疗器械的包装材料，也可用于各类防护用品，具有高强度、高阻隔的特点，并避免了无纺布折叠后可能不阻菌的情况。例如，杜邦公司的"DuPont™ Tyvek® 闪蒸法非织造布"产品。在国内，厦门当盛新材料有限公司、江苏青昀新材料有限公司等也在开发、生产此类产品。

四、纺织品材料

普通纺织品材料很少用于无菌医疗器械包装，但是经过特殊处理的纺织品材料广泛用于医疗机构的包裹材料、复用的防护服、手术衣、隔离衣、实验服、护士帽、手术帽、医生帽、手术包、产妇包、急救包、尿布、枕套、床单、被套等。

同无纺布相比，纺织品材料减少了医疗垃圾，无纺布作为一次性医疗用品，虽然使用方便，但在医疗垃圾分类管理中属于高分子材料，不能重复使用，只能焚烧处理，是大气中二噁英的主要来源之一。纺织品由于复用次数本身就很高（一般都在30次以上），而且在医疗垃圾分类管理中属于纤维类垃圾，可以不焚烧处理。从环境保护的角度分析，用于无菌医疗器械的纺织品屏障材料将会有较大的发展空间。

1. 涤纶类纺织品材料

涤纶类纺织品材料价格低廉，具有很好的防水性能，且耐洗次数多。但是这类材料厚度很薄，干态屏障性能弱；且质地较滑，不利于堆垛和转运，如果用于穿着，那么透气性差、舒适感差。由于透气性差，高压蒸汽灭菌时容易产生湿包。

2. 棉质纺织品材料

棉质纺织品材料经过一定的处理后可以具有很好的防水性能，但耐洗次数不如涤纶材料，面料和处理成本均高于涤纶材料。这类材料比较厚重，干湿态屏障性能均衡，有利于操作和转运。如果用于穿着，那么透气性、舒适性较好，高压蒸汽灭菌湿包情况好于涤纶材料。

第二节　初包装材料性能

一、微生物屏障性能

微生物屏障性能主要有10个：

（1）材料的微生物屏障性能是针对包装材料的，初包装的阻菌性能是由包装材料的微生物屏障性能和密封的完整性共同构筑的，包装材料制造商应提供产品验证报告。材料的微生物屏障性能的系统验证应在材料量产之前完成，而不应该到预成型和无菌屏障系统完成后再进行验证。

（2）初包装使用企业和初包装生产企业使用其材料供应商的报告应是合法有效的，这些报告应在采购环节完成。

（3）包装材料的微生物屏障性能的验证和无菌屏障系统的无菌保持性能的验证是不同的。图6-1给出了微生物屏障鉴定的程序，其中上半部分是针对包装材料的，下半部分是针对初包装和无菌屏障系统的（这一部分内容将在下一章讨论）。

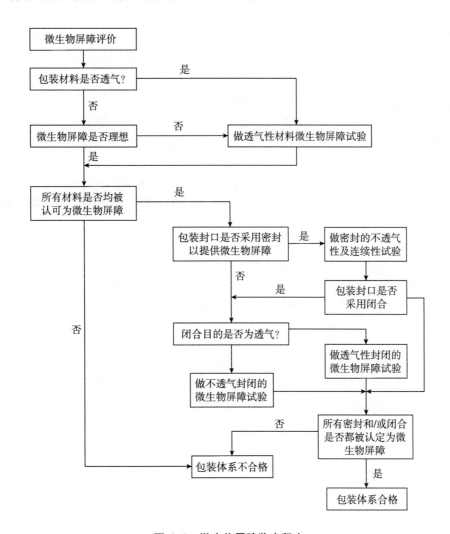

图6-1　微生物屏障鉴定程序

材料微生物屏障性能是选择初包装材料要特别关注的内容，无论生产企业采取何种方法检测，都应提供产品在进入市场前的生物学验证报告，同时应提供该批产品出厂前能间接证实微生物屏障性能的物理、化学等方面的自检报告并保存记录原始数据，以便于相关事件的追溯。

（4）ASTM F1608《透气包装材料微生物屏障分等试验方法（试验箱法）》。YY/T 0681.10（ASTM F1608）《无菌医疗器械包装试验方法　第10部分：透气包装材料微生物屏障分等试验》

标准测定了透气包装材料防止细菌孢子渗透的能力。该试验通过检测基材从悬浮微粒中去除孢子的过滤效率来完成，悬浮微粒能够通过气流压入基材，试验采用的流速为 2.8L/min，每一取样口的孢子浓度为 1×10^6 菌落数（CFU）。屏障的衡量标准为对数下降值（LRV），是试样组和对照组的 Log10 的差值。

完全不能渗透的对照试样（微生物渗透率为零）在 10^6 菌落形成单位的挑战下，LRV 值为 6，即 10^6 个菌落形成单位的以 10 为底的对数值是 6。如果一个与对照试样面临相同挑战的试样允许 10^1 菌落形成单位（log10=1）渗入，则其对数下降值为 5（6-1=5）；如果一个与对照试样面临相同挑战的试样允许 10^3 菌落形成单位（log10=3）渗入，那么其对数下降值为 3（6-3=3）。因此，对数下降值越高，包装材料抗微生物的能力就越强。LRV 是对数指标，每一个单位对应于微生物的渗入实际数量 10 倍的关系，如 LRV=5 比较 LRV=3，意味着包装材料 LRV=5 材料的阻隔能力是 LRV=3 材料的 100 倍。综合保存期研究分析总结表明，在不损坏包装完整性的条件下，高指标的 LRV 材料通常会有较长的无菌状态保持时间。但是此试验方法有两个缺点：一是培养孢子以得到一组穿透试验材料的孢子需要很长时间；二是试验方法结合了高流速。除了在高压蒸汽灭菌器或环氧乙烷（EO）灭菌器中快速抽空或减压外，医疗器械包装中从未出现这种流速。已经生成的数据表明，无菌包装常用的透气材料的最大穿透点一般会在低于 ASTM F1608 标准测试所用流量的条件下产生。常见情况下的气流速度如表 6-1 所示。

表 6-1 包装材料在包装、配送、处理、测试气流流量比较

方法	面速度（厘米/分钟）
空运	0.10
DIN	0.60
装卸	1.00
ASTM F1608 标准	143.00

（5）YY/T 0681.17（ASTM F2638）《无菌医疗器械包装试验方法 第 17 部分：透气包装材料气溶胶过滤法微生物屏障试验》。该实验通过计量不同的速度穿透屏障材料的惰性微粒数值来完成，这个速度接近于它们在输送过程中的实际状况。方法中亦使用不同的流速，从而产生一条穿透曲线，在该穿透曲线上，多数试验的基材有最大值。因此，可以得出特定基材的最大微粒渗透率 Pmax。最大值产生的流速取决于质量、纤维直径和基材密度。

由于在测试过程中未使用实际生物体或孢子，因而无须灭菌处理、平皿接种或培养过程。此外，可用微粒计数器进行实时计数处理。与 ASTM F1608 不同，ASTM F2638 的测试方法无须在生物实验室内进行，该测试几乎可在任何地方进行，也可在多种流量下进行，以模拟产品处在不同的配送和处理条件下。使用此方法，不同材料显示的结果如图 6-2 所示。

按 ASTM F2638 标准方法实际测量的是多孔基材材料防止微粒渗透的能力，但是微粒渗透与微生物孢子渗透高度关联，所有材料均具有出现最大微粒渗透率（Pmax）的表面速度，且渗透率越低，性能越好。

YY/T 0681.10 和 YY/T 0681.17 两个方法均未考虑湿态微生物屏障性能验证方案，但微生物污染可能通过空气或水传播。也有些学者认为湿态细菌屏障的性能由包装材料的隔水能力决定，可以通过材料的阻水性能的物理学验证证明，没有必要进行生物学验证。也有一些学者认为很多纤维类材料本身含有一定的水分，如纸张、纤维织物等，由于含水量不同，会造成湿态屏

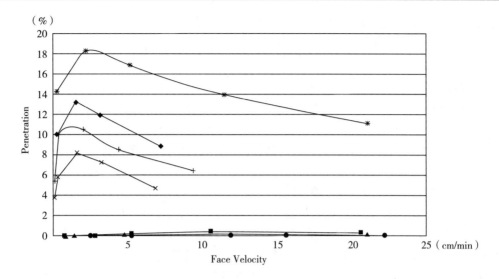

图 6-2 多孔无菌屏障材料的微粒渗透率

障性能的显著差异，另外环境湿度不同也会对材料微生物屏障性能带来不同程度的挑战。因此这些材料按 YY/T 0681.14（DIN 58953 YY/T 0681）标准进行验证还是很有必要的。另外，无菌物品保存的环境湿度可能存在显著差异，这些因素也是需要考虑的。

（6）YY/T 0681.14《无菌医疗器械包装试验方法 第 14 部分：透气包装材料湿性和干性微生物屏障试验》。

YY/T 0681.14 方法操作相对简单，但也需要有生物学实验室才能完成，有条件的企业可以将该方法作为进货检查的项目。

YY/T 0681.14 湿性微生物屏障性能试验：为了模拟暴露于水中的细菌，微生物以湿滴的形式（浓度在 107～108 CFU/mL 的金黄色葡萄球菌悬液）置于灭菌标本上。对干燥后的液滴、微生物渗透包装材料样品的可能性进行评估。一般会对预先灭菌的样品给出通过或者不通过的判断。

YY/T 0681.14 干性条件生物屏障试验：为了模拟暴露在空气的细菌中，将被微生物污染的粉末与灭菌的测试样品接触，然后用真实的速度（0.6cm/min）对样品进行多次加压和降压。对可能渗入包装材料样品的孢子进行微生物分析和评估。一般会对预先灭菌的样品给出通过或者不通过的判断。

具体试验要求见本书附录六。

（7）微生物屏障物理学间接验证试验。本书第二章中给出了与包装材料微生物屏障性能相关的物理学特性的标准和试验方法，以下是对其中重要方法的介绍。

由于细菌、病毒和真菌不能自我移动，因此微生物污染可能通过以下两种方式发生：

1）随空气（空气浮尘、微粒）流动；

2）随液体（液滴、气溶胶）流动（渗透）。

微生物屏障的过滤作用主要是基于"曲折路径"理论，也叫"天鹅颈"试验。一些物理学指标间接证实产品的微生物屏障性能，这些方法和指标是要与生物学方法进行比对的。例如，在欧洲常用纸张的厚度、透气度、孔径、疏水性、吸水量（YY/T 0698.2.3.6.7）等项目指标来证实材料的微生物屏障性能。这些物理指标比较直接，容易用简单的方法来证实，在包装材料的实际生产过程中有重要意义。

YY/T 0698 系列标准对应用于医疗器械灭菌的包装材料的要求和测试方法作了规定，日常生产中包装材料供应商需要对每个生产批次的纸质材料进行以下监控：

1）最大孔径；

2）透气度；

3）可勃法吸水性；

4）疏水性。

其中，为了控制空气中的微生物传播以确保患者的安全，需要确认最大孔隙大小和透气度；为了控制水或者液体途径的微生物传播以确保患者的安全，需要确认可勃吸水性和疏水性。

具体试验方法和接收准则见本书附录七。

（8）ASTM F2101（用金黄色葡萄球菌的生物气溶胶评定医用面罩材料细菌过滤效率的标准试验方法）。根据 ASTM F2101-19 标准测量 BFE（细菌过滤效率），在需要对材料进行比较并排序的时候使用，因为 DIN 方法只给出通过或者不通过的判断，而不能对材料进行排序。ASTM F2101-19 方法主要的作用是区分材料：YY/T 0698.3 符合性（短期无菌保持：医院蒸汽灭菌并保持 180 天无菌）和 YY/T 0698.6、YY/T 0698.7 符合性（长期无菌保持：医疗器械厂商使用环氧乙烷或者辐照等灭菌方式进行灭菌，并保持 5 年无菌）。

将微生物悬浮液烘干并喷到测试样品上，然后用一股恒定的气流将喷溅的微生物吸过样品，通过样品的微生物被放置在样品另一侧的营养培养基中。其结果是效率百分比，即喷在样品上的微生物数量与样品阻挡的微生物数量之比。验收标准：人们普遍认为，对于目标是在医院中保持 180 天无菌的蒸汽袋材料，BFE 至少 90% 以上，而对于包装系统（+保护性包装）条件下的初包装袋，无菌保存寿命为 5 年的，建议 BFE 至少 95% 以上。

（9）其他试验方法：YY/T 0471.5《接触性创面辅料试验方法　第 5 部分：阻菌性》方法进行阻菌性试验。

（10）无菌屏障系统可能需要提供的其他和穿透有关的验证。

1）阻止气体和光的屏障。气体穿透与透气性是两个不同的概念，气体穿透是指气体分子以非常缓慢的方式穿透固体材料，如氧气穿透 PE 薄膜。

2）如果医疗器械需要保持潮湿的环境或对潮湿非常敏感，或受氧气或其他气体影响，那么要求包装材料能持续提供对特定的气体或蒸汽屏障。

3）水蒸气穿透在 ASTM F372 和 ASTM F1249 中有描述，氧气穿透可以按照 ASTM D3985 的量化，光的穿透量化可以通过光谱学和预知所关注的光的波长完成。

二、生物相容性与毒理学性能

（1）包装材料的安全性可以由医疗器械制造企业系统地通过测试或从包装材料供应商处获得的产品验证文件来证实。无菌屏障系统包装材料和医疗器械之间的任何反应，应由医疗器械制造商单独确定。

（2）对初包装和包装系统和其成分的安全性的追溯通常由初包装制造商保持，以用于调查确定任何不符合项的根本原因。

（3）包装材料应无毒。GB/T 16886（ISO 10993）提供了评估生物相容性的指南。其中 GB/T 16886.7（ISO 10993）《医疗器械的生物学评价　第 7 部分：环氧乙烷灭菌残留量》、GB/T 16886.10（ISO 10993）《医疗器械的生物学评价　第 10 部分：刺激与皮肤致敏试验》、GB/T 16886.11《医疗器械的生物学评价　第 11 部分：全身毒性试验》是关于这类产品的要求。另外，有一些医疗器械产品对包装材料的溶血性验证有特定要求。

（4）T/CAMDI 033（ASTM F2475）对初包装材料的生物安全性提出了验证方案，特别是附表对初包装用于不同类别的器械时提出了不同的要求。器械制造商可以根据自己器械的实际情况对选用的初包装做出生物安全性方面的要求，ASTM F2475 为相关无菌屏障系统和器械提供了生物相容性测试的指导说明（见表6-2）。由于材料与器械接触，灭菌过程对材料性能可能造成重大影响，应评价灭菌对生物相容性的影响。

表6-2　生物安全性验证试验指南

产品接触性质	类别	红外光谱（与主要成分一致）	非挥发性残留物（50mL 的6cm²/mL 浸提液中的残留物≤15mg）	细胞毒性	可浸提物和可沥滤物评估	微粒
产品与包装材料之间无直接或间接接触	1	X	X			
医疗器械与包装材料直接接触且均为固态（不包括半固态和液态器械或包装材料，或其组合）	2	X	X	X^A		X
医疗器械与包装材料直接接触且包含超过一种类型的材料（固态、半固态、液态或其组合）	3	X	X	X^A	X	X

注：X 表示需评价的内容；A 表示与医疗器械相关的其他终点也应在包装的生物相容性评估中涉及。此外，因接触包装而对医疗器械造成的任何变化也应从生物相容性角度进行评估。

（5）尽管医用包装法规没有要求，在评价包装材料毒理学特性时通常要参考食品包装法规，如 FDA 21CFR 170-189，以及欧洲委员会关于预期与食品接触的材料和物品的 10/2011 号法规。生物相容性测试通常按照特定的使用情况进行。在欧洲根据纸张的特性通常有几项化学检测比较重要，如甲醛、多氯联苯、五氯苯酚、纸张杀菌剂的迁移等。硫酸根和氯离子的残留等项目在 YY/T 0698 中都有明确的方法和技术要求。灭菌包装材料不直接接触人体，可参考直接接触性食品包装材料的要求，除非是另有特殊用途的要求。天然的橡胶乳液、动物源性材料、同种异体材料、增塑剂、加利福尼亚州 65 号提案（California Proposition 65）的致癌物以及重金属等，都需要关注。ASTM D3335 标准采用原子吸收光谱检测涂料中低浓度铅、镉和钴的试验方法，或 ASTM D3718 标准采用原子吸收光谱检测涂料中低浓度铬的试验方法，可以提供有关重金属的更多信息。有些地方对重金属有严格要求，甚至规定铅、镉、汞和六价铬的总量不得超过百万分之一。

（6）荧光是生物安全性方面要特别关注的问题，包装材料制造商应参照 YY/T 0698 的相关要求，按 GB/T 7974 标准测定时，纸的荧光亮度（白度，F）应不大于1%。UV 照射源在距离 25cm 处照射，每 0.01m² 上轴长大于 1mm 的荧光斑点的数量应不超过 5 处。

（7）微粒：见本节第八部分的相关内容。

（8）包装材料初始污染菌在我国有比较明确的要求，可参照被包装的无菌医疗器械初始污染菌的要求进行验证。也可以按照 T/CAMDI 009.3《无菌医疗器械初包装洁净度　第3部分：微生物总数估计试验方法》进货检验。

（9）可萃取物可能从包装材料中析出，造成医疗器械或环境的污染，ASTM D4754 标准提供了与可萃取物有关的指南。

三、灭菌适应性

对预期灭菌过程的适应性要求分为两种情况：一种是根据预期使用的灭菌方式来决定将要使用的包装材料或初包装系统；另一种则相反，应根据预期使用的包装材料或初包装系统来决定将要采用的灭菌方式。这两种情况在实际工作中都有可能出现。第一种情况较为常见，如医院要根据现有的灭菌器选择合适的包装材料或预初包装系统。第二种情况是为了节约成本或方便采购，或应对供应不及时，或应对一次性无菌产品超过了无菌保持期，或满足一般无菌产品在关键场合的使用要求等而做出的选择。

1. 材料不能对灭菌过程产生不良影响（材料不能影响灭菌效果）

（1）对于包装材料供应商来说，应证实材料和预成型无菌屏障系统适宜预期使用的灭菌过程和循环参数。对无菌屏障系统和/或包装系统来说，包装材料承受灭菌过程和保持结构完整性的能力则是关键的要求。同时，包装材料不能对灭菌效果产生影响，如环氧乙烷、湿热或其他气体灭菌过程要求去除空气，使灭菌剂穿透无菌屏障系统和/或包装系统。气体灭菌要求高温高湿的条件，所选的材料必须与此相容。应评价气体灭菌对无菌屏障系统带来压强变化的挑战。因此，要求无菌屏障系统和/或包装系统具有耐受性和充分的透气区域，并且在所有附加层中有充足的空间使无菌屏障系统膨胀。

（2）对于无菌医疗器械灭菌过程而言，包装材料适应灭菌过程的确定可与所采用的灭菌过程的确认同步进行。包装验证同灭菌过程验证同步进行，以确保灭菌效果的有效性。

（3）对于导管类医疗器械，在选用包装材料前，最好选择合适的 PCD 装置（Process Challenge Device）做灭菌挑战性试验，确定和区分究竟是包装材料还是器械本身对灭菌过程产生的影响。

（4）含天然纤维的包装材料不能用于过氧化氢等离子灭菌，因分子中较强的诱导力会产生一些正电和负电基团，从而吸收带电的等离子，降低灭菌的效果，如纸张、纸质胶带、纸质的指示卡等。

（5）包装材料对环氧乙烷灭菌的环氧乙烷残留会产生影响，这方面必须提前加以验证。

2. 灭菌过程不能对材料产生影响（材料必须能耐受灭菌过程）

（1）包装材料供应商应评价材料的性能，以确保在经受规定的灭菌过程后材料的性能保持在规定的限度范围内。理论上讲要对材料所有性能进行灭菌前后的数值比对，这是一项非常庞大的工作。为了简化工作量通常可以在材料灭菌后对材料典型性能进行验证。就灭菌方式对材料性能的潜在影响而言，环氧乙烷灭菌对包装材料的性能影响很小。其他如辐照灭菌和等离子气体灭菌可能对材料属性带来影响，参见 AAMI TIR17 标准。特别是辐照灭菌对高分子材料影响巨大，高压蒸汽灭菌对材料影响也很大，特别是透气性纤维材料的微生物屏障性能在灭菌后会有所下降，应关注供应商提供的有关报告。

（2）灭菌前后指标变化范围的限度暂无标准要求，通常以最小值应满足现有规范的限量值为准。如果没有限量值要求，以灭菌前后差值不大于 15% 为宜（仅供参考）。若有规定值应确认是否都在规定范围内。

（3）对于预成型无菌屏障系统和无菌屏障系统的灭菌适应性除考虑以上因素外，还应考虑灭菌过程对包装完好性的影响，如封口强度灭菌前后的对比，还要考虑生物相容性的要求、环氧乙烷残留的要求等。

3. 灭菌适应性的试验方法

灭菌适应性的确定应使用参照有关国际标准或欧洲标准设计、生产和运行的灭菌器。作为选择灭菌过程的一部分，确认医疗器械最终无菌屏障系统所需的预期灭菌批数和类型是重要的因素。

目前，国际标准有 ISO 17665 - 1、ISO 11135、ISO 11137、ISO 14937、EN285、EN550、EN552、EN554、EN1422 或 EN14180。使用的各种灭菌器（包括医院用的环氧乙烷、高温蒸汽、

低温甲醛、过氧化氢、等离子等常见灭菌方式）应当在基于各种相关标准的基础上设计制造，才能保证灭菌过程验证的科学性和有效性，从而确保产品灭菌过程的安全有效。由于我国灭菌器标准尚不完善，若使用国产灭菌器进行验证则应确认其符合相关的国际标准。例如，复合膜的蒸汽灭菌适应性具体实验方法参见 YY/T 0698.5 标准的附录 A。

4. 灭菌适应性的验证和老化验证的关系

对预期用途适应性的确定应考虑材料在常规供应中发生的变化。材料在保存过程中性质的变化不应对灭菌效果产生影响，老化验证中应考虑与灭菌过程的相容性。一般一次性医疗器械产品需在灭菌后保存很长时间，一般是在灭菌后开展老化验证。有的材料需要在灭菌前，或包装好的医疗器械非无菌提供，使用前由医疗机构灭菌后直接使用，这种情况则必须在灭菌前开展老化验证。

5. 规定的灭菌过程可包括多次经受同一灭菌过程或不同的灭菌过程

多次经受同一灭菌过程或不同灭菌过程产生的原因有很多，如某些产品的灭菌过程可能会失败，需要多次灭菌；再如某些器械先作为一个独立包装经受适当的灭菌过程，然后又作为某个综合器械包的配件需要经受另一个相同或不同的灭菌过程。显然，如果产品需要经受多次相同或不同的灭菌过程，则所使用的包装材料也必须满足这些要求。

四、加工适应性

1. 加工适应性应至少考虑到的材料性能

（1）表面粗糙度；

（2）表面涂层性能；

（3）印刷适应性；

（4）热封适应性；

（5）无菌开启功能；

（6）操作窗口；

（7）工艺选择（吸塑包装、卷包、平包）；

（8）持续供给能力；

（9）环保、可回收考虑；

（10）成本。

2. 包装工艺确认（无菌屏障系统确认）

工艺过程能力是由原材料性能和设备能力决定的，即原材料评估+设备工艺确认。

最终灭菌医疗器械包装确认是指新产品开发或者产品改良时涉及的新包装的开发和评价及包装过程确认的要求和方法。目的是确保包装的安全性和有效性，保证产品在其使用前的无菌性，以及使用时的无菌开启。GB/T 19633.2（ISO 11607-2）对这部分已做规定。

IQ、OQ、PQ 阶段需要基于功能评估、性能需求和风险评估的需求来制定验收标准。

（1）IQ 阶段。启动最终过程开发前，正式加工设备和辅助系统能始终在确立的设计和操纵限度及公差下运行。

鉴定报告至少应包括监视测量设备校准报告、设备运行能力报告、软件确认报告（适用时）、设备操作规程和培训记录。

（2）OQ 阶段。通过过程评价，建立适当的过程上、下限以及挑战性试验。过程开发包括：对基本的过程参数进行评价，如温度、时间、压力等；确定能生产出符合预定设计规范包装的上、下操作条件。

验证过程：在已经建立操作条件的极限处进行，验证过程能够持续稳定生产出符合设计规范要求包装的能力。

（3）PQ阶段。在规定的操作条件下，验证过程持续稳定生产出符合设计规范要求包装的能力。①包装生产条件：参数范围中心条件；②生产批数：3批；③过程稳定性评价：Cpk（过程能力指数），Xbar-R图；④产品质量特性：包装/封合完整性、包装/封合尺寸、密封强度。

关于IQ、OQ、PQ参见其他章节有关内容。

3. 包装有效期确认

确认在预定包装寿命期限内，初包装的无菌保持能力。一般有：实际储存寿命试验（实际老化）和加速老化试验（基于ASTM F 1980）。

确认的流程是：产品生产→灭菌过程（包装物理强度评价，包装完整性评价）→老化处理（包装物理强度评价，包装完整性评价）→运输包装验证YY/T 0681.6（ASTM D4169），模拟产品在销售周期中可能遇到的一系列预期危害因素，以确保产品在销售前是安全有效的。通常的试验方法有抗压试验、振动试验、跌落试验。

4. 任何改变（比如原材料、参数等改变）都可能需要重新进行验证、风险评估及改善

5. 确认后需要对制程工序进行管理（可以考虑使用控制图）

6. 对原材料进行评估、控制和归档的项目列表

包括密封性能测试与无菌开启表现、包装完整性测试、吸塑包装机工艺参数测试（测试盖材和底材的表现及其测试窗口）以及OQ、PQ测试。

五、物理化学性能

1. 性能

医疗器械的无菌屏障系统和/或包装系统除了要承受灭菌过程外，还需要保护内包装物的无菌状态和功效直至被使用。医疗器械的外形和重量、保护性包装的类型，以及运输和存储系统等都给无菌屏障系统和/或包装系统带来了挑战。如何确立适用的包装形式，最权威的方法是实际使用医疗器械进行模拟试验。若干标准的物理属性为判断包装材料是否适用于某种既定的潜在用途提供了方法。YY/T 0698.1-10系列标准对市场上常见的产品的物理化学性能提供了很多方法和可供参考的限量值。如果这些属性的任何一个被确认医疗器械可能会以任何方式对一个无菌屏障系统和/或包装系统带来挑战，那么这种材料可能是不适用的。包装材料制造商会提供这些可能发生的参数，重要的是要认知并了解这些数值仅可以作为材料的筛选使用，且通常被认为是典型值，而非规格的极限值。

2. 抗穿透性

如果医疗器械包含锐边或突出物，可能刺穿包装材料、破坏其完整性，那么材料的抗穿透性可能是重点考虑的项目。YY/T 0681.13以及ASTM D1709、ASTM D3420、ASTM F1306标准提供了指南。

3. 抗磨损性

抗磨损性是指表面可以承受重复的摩擦、磨损和剐蹭的能力。这种情况可能在分配期间发生在以下三者之间：

（1）医疗器械和初包装之间；

（2）初包装和初包装之间；

（3）初包装和保护性包装之间。

由于目前没有针对这种影响的测试方法，所以在实际中如有需要对医疗器械的无菌屏障系

统和/或包装系统模拟运输后的性能测试通常是必要的。

4. 抗撕裂

材料抵抗撕裂和材料连续传递撕开的能力对无菌屏障系统的打开特性非常重要。例如，以撕开方式打开的无菌屏障系统的材料应在抗撕开区域具有阻力，可以稳定传递撕裂。评估抗撕裂的测试方法参见 ASTM D1922 和 ASTM D1938 标准。

5. 耐弯曲性

耐弯曲性是指材料可以承受重复的弯曲和折叠带来的损伤的能力。医疗器械类型、保护性包装的类型、运输系统将决定该属性的重要性。YY/T 0681.12、ASTM F392 标准提供了耐弯曲性能的测试方法。

6. 厚度

通常情况下特定材料越厚，其耐用性越强。但是，随着厚度的增加材料的硬度也会增加。当达到一定的临界点之后，随着厚度的增加，材料将更易因弯曲而折断（降低耐弯曲性能）。确定材料厚度的测试方法参见 GB/T 451.3、ASTM F2251、ISO 534 标准。

7. 抗张强度

材料的抗张强度是指可以撕断或撕裂材料的最大张力。通常也称为最终抗张强度，使用单位面积以承受的力来表示。尽管抗张强度保持一致，但对于特定材料，增加其厚度将增加抗张强度。因为抗张强度测量的是弹性极限或屈服点之外的点（使材料永久性变形的力的大小），其在预测耐用性方面的能力有限。实际上，抗张强度通常与耐用性反相关。GB/T 12914、ASTM D882、ISO 1924-2 标准提供了关于抗张强度的测试指南。

8. 延伸性

当材料遇到张力时长度的变化，用与原长度的百分比表示。通常需要知道伸长断裂率。伸长断裂率是超出弹性极限或屈服点之外的点（使材料永久性变形的力的大小），其在预测耐用性方面的能力有限。ASTM D882 标准提供了延伸性的测试指南。

9. 基本重量

基本重量是指材料单位面积的重量。ASTM D4321、ASTM D3776 标准提供了确定基本重量的测试方法。

10. 黏合强度

黏合强度是指分开材料层所需要的力的大小。ASTM F904 标准提供了关于测试黏合强度的指南。

11. 湿态强度

如果包装被暴露在湿热灭菌和环氧乙烷灭菌等潮湿条件下，考虑湿态强度是非常重要的。

另外，多个标准中的测试方法可用于比较包装材料和衡量材料是否满足医疗器械可见性和外观的要求。例如，模糊描述光通过材料时发生散射的情况，可以用 GB2410、ASTM D1003 标准的指南测量。光泽指底面反射或发出的光泽，可以依据 ASTM D2457、GB/T 8807 标准确定。不透明度指材料阻挡光穿透的能力，可以在 ASTM D589 标准中获得相关信息。

对于无菌屏障系统使用者而言，规定产品使用的各种强度要求已经成为一种惯例。所选择的包装材料或无菌屏障系统的强度必须足够高，以保持无菌屏障系统在配送、运输、存储系统中的完整性。预成型无菌屏障系统密封强度应由该系统的生产商确定。

对于相关无菌医疗器械包装材料的基本参数，可参见 YY/T 0698 系列标准有关内容。对于出口企业，本指南选择了几个主要参数及国际标准以供参考，如表 6-3 所示。

表6-3　主要物理特性

特性	可比较的试验方法	英制单位	公制单位
基本重量	ASTM D3776 EN ISO 536	oz/yd^2	g/m^2
分层剥离强度	ASTM D2724	lbf/in.	N/2.54cm
葛尔莱法透气度	TAPPI T460 ISO 5636-5	sec/100 cc	sec/100 cc
本特生透气度	ISO 5636-3	mL/min	mL/min
湿气透过率	TAPPI T523	g/m^2/24hr	g/m^2/24hr
静水压头	AATCC TM 127 EN 20811	in. H$_2$O	cm H$_2$O
抗张强度（MD）	ASTM D5035 EN ISO 1924-2	lbf/in.	N/2.54（1.5）cm
抗张强度（CD）	ASTM D5035 EN ISO 1924-2	lbf/in.	N/2.54（1.5）cm
伸长率（MD）	ASTM D5035 EN ISO 1924-2	%	%
伸长率（CD）	ASTM D5035 EN ISO 1924-2	%	%
撕裂强度（MD）	ASTM D1424 EN 21974	lbf	N
撕裂强度（CD）	ASTM D1424 EN 21974	lbf	N
耐破度	ASTM D774 ISO 2758	psi	kPa
穿刺	ASTM D3420	in. -lbf/in.^{2}	J/m^2
不透明度	TAPPI T425 ISO 2471	%	%
厚度（个别）	ASTM D1777 EN 20534 EN ISO 534	mils	μm

　　医疗包装材料对化学物质的稳定性也是需要考虑的重要因素。表6-4给出了某聚烯烃类无纺产品耐酸性与耐碱性验证的小结，表6-5为某聚烯烃类无纺产品抗有机溶剂腐蚀性验证的小结。

表6-4　某聚烯烃类无纺产品耐酸性与耐碱性

类别	暴露条件			对断裂强度的影响
反应试剂	浓度%	温度（华氏度）	时间（小时数）	×××产品
酸类				
硫酸	10.0	70	1000	无变化
硫酸	10.0	210	10	无变化

类别	暴露条件			对断裂强度的影响
反应试剂	浓度%	温度（华氏度）	时间（小时数）	×××产品
硫酸	60.0	70	1000	无变化
硫酸	60.0	210	10	无变化
硫酸	96.0	70	1000	无变化
盐酸	10.0	70	1000	无变化
盐酸	37.0	160	10	无变化
硝酸	10.0	70	1000	无变化
硝酸	10.0	210	10	无变化
硝酸	70.0	70	10	无变化/轻微变化
硝酸	95.0	70	1000	显著变化/轻微变化
磷酸	10.0	70	1000	无变化
磷酸	10.0	210	10	无变化
磷酸	85.0	70	10	无变化
氢氟酸	10.0	70	10	无变化
铬酸	10.0	70	10	无变化
氢溴酸	10.0	70	10	无变化
碱类				
氢氧化铵	1.0	70	1000	无变化
氢氧化铵	58.0	70	1000	无变化/轻微变化
氢氧化钠	10.0	70	1000	无变化
氢氧化钠	10.0	210	10	无变化/轻微变化
氢氧化钠	40.0	70	1000	无变化
氢氧化钠	40.0	210	10	无变化
氢氧化钠	1.0	70	1000	无变化
氢氧化钠	1.0	210	10	无变化

因暴露引起的断裂强度变化：无变化＝原有强度的 90%～100% 保留；轻微变化＝原有强度的 80%～89% 保留；显著变化＝原有强度的 20%～59% 保留。

表 6-5　某聚烯烃类无纺产品抗有机溶剂腐蚀性

类别	暴露条件			对断裂强度的影响
反应试剂	浓度（%）	温度（华氏度）	时间（小时数）	×××型产品
乙酰胺	100	200	10	无变化
乙酸	100	70	1000	无变化
丙酮	100	70	1000	无变化
丙烯腈	100	70	1000	无变化/轻微变化
醋酸正戊酯	100	70	1000	无变化
醋酸正戊醇	100	70	1000	无变化
苯胺	100	70	1000	无变化
苯甲醛	100	70	1000	无变化
苯	100	70	1000	无变化
苯甲醇	100	70	1000	无变化
苄基氯	100	70	1000	无变化

续表

类别	暴露条件			对断裂强度的影响
反应试剂	浓度（%）	温度（华氏度）	时间（小时数）	×××型产品
二硫化碳	100	70	1000	无变化
四氯化碳	100	70	1000	无变化
一氯代苯	100	70	1000	无变化
三氯甲烷	100	70	1000	无变化
氯醇	100	70	1000	无变化
煤焦油	100	70	1000	无变化
棉籽油	100	70	1000	无变化
间甲酚	100	70	1000	无变化/轻微变化
环己酮	100	70	1000	轻微变化/无变化
对二氯苯	100 粉末	70	1000	无变化
二甲替乙酰胺	100	70	1000	无变化
二甲替甲酰胺	100	70	1000	无变化
二甲亚砜	100	70	1000	无变化
二氧己环（1-4）	100	70	1000	无变化
二乙醚	100	70	1000	未试验/轻微变化
乙酸乙酯	100	70	1000	无变化
乙醇	100	70	1000	无变化
乙二醇	100	70	1000	无变化
甲醛	H_2O 中为 10%	70	1000	无变化
甲酸	H_2O 中为 91%	70	1000	未试验/轻微变化
Freon®（氟利昂）-113 制冷剂	100	70	1000	无变化
汽油（含铅）	100	70	1000	无变化/轻微变化
丙三醇	100	70	1000	无变化
煤油	100	70	1000	无变化/轻微变化
亚麻仁油	100	70	1000	无变化/轻微变化
甲醇	100	70	1000	轻微变化/无变化
二氯甲烷	100	70	1000	轻微变化/无变化
丁酮	100	70	1000	无变化
矿物油	100	70	1000	无变化
硝基苯	100	70	1000	轻微变化/无变化
油酸（十八烯酸）	100	70	1000	轻微变化
全氯乙烯	100	70	1000	无变化
苯酚	100	200	10	无变化
松油	100	70	1000	无变化
吡啶（氮杂苯）	100	70	1000	无变化
斯托达德溶剂	100	70	1000	轻微变化
三氯乙烷	100	70	1000	无变化
三氯乙烯	100	70	1000	无变化
三乙胺	100	70	1000	无变化
三氟乙酸	100	70	1000	无变化
松脂精	100	70	1000	无变化

六、灭菌前后的货架寿命

1. 材料老化验证和无菌保持期的验证

包装材料应提供产品的有效期，材料的有效期应涵盖医疗器械全生命周期。要提供确定有效期的加速老化和实时老化试验报告。根据 GB/T 19633.1（ISO 11607-1）标准的要求，实际时间老化试验和加速老化试验宜同时进行。使用单位可向包装材料生产商索取老化试验报告。产品有效期的验证过程是产品诸多性能在加速老化试验和实时老化试验前后的比对（见表6-6、表6-7）。比对的性能应至少包括微生物屏障性能、封口强度、完好性、力学性能等，并充分考虑灭菌前后老化性能试验的必要性。当然，如果接收准则在老化试验前是明确的，这种对比也可以不做，直接通过提前确定的接收准则确定产品的老化性能是否可以被接受。老化前后各项性能的数值应在标准规定的范围内，其差值最好不大于15%（仅供参考）。材料产品有效期是指该材料在有效期内是可以使用的，与无菌医疗器械无菌保持期是两个概念。材料产品有效期由材料制造商提供且对产品性能负全责。灭菌后的无菌保持期除和材料的自身性能有关外，还与包装系统的封口、包装形式、包装大小、运输存储密切相关，特别是存储运输环境的重要性甚至大于材料本身性能。因此，对于灭菌后的无菌保持期应在包装材料生产商提供的材料微生物屏障验证报告的基础上进行包装完整性验证和包装稳定性验证确定，并形成文件。

加速老化试验标准为 ASTM F1980-02，已转化为行业标准 YY/T 0681.1。

表6-6　产品加速老化试验结果示例

加速老化试验项目/方法			×××材料试验结果		
特性	试验标准	单位	初始值	环氧乙烷灭菌6次循环后的值	5年后的值
抗张强度（MD）	ASTM D5035 ENISO 1924-2	磅/英寸（N/2.54cm）	42（187）	42（187）	40（178）

表6-7　材料真实老化试验结果示例

×××材料	抗张强度[1]，N/2.54cm		微生物屏障能力，对数下降值（LRV）[2]
	MD	CD	
伽马辐射 50kGy *			
灭菌前的原始值	187	213	5.2
灭菌后初始值[3]	147	175	—
灭菌后7年后的值	142	148	5.2
伽马辐射 100kGy *			
灭菌前的原始值[3] 灭菌后初始值	187	213	5.2[4]
灭菌后初始值	109	134	
灭菌后7年后的值	103	130	5.1
电子束辐射 50kGy *			
灭菌前的原始值[3]	187	213	5.2[4]
灭菌后初始值	164	157	—

续表

×××材料	抗张强度[①]，N/2.54cm		微生物屏障能力，对数下降值（LRV）[②]
	MD	CD	
灭菌后 7 年后的值	159	145	5.2
电子束辐射 100kGy *			
灭菌前的原始值[③]	187	213	5.2[③]
灭菌后初始值	120	120	—
灭菌后 7 年后的值	96	113	5.2

注：* 表示 50kGy 为单次剂量。100kGy 为累计量，表示 50kGy 的加倍剂量。
①参照 ASTM D5035 和 EN ISO 1924-2，根据速度和计量长度进行修改。②根据 ASTM F1608 标准对对数下降值（LRV）进行检测。③初始值是灭菌后，老化试验开始时的数值。

2. 加速老化必须和实时老化同时进行

加速老化验证可使产品快速上市，但制造商必须同时做实时老化试验。待自然放置的样品达到规定的有效期时，进行各种性能试验，从而最终确定产品的有效期。放置过程中最好选取有代表性的时间节点进行测试，若只做最终时间的测试，验证过程的风险非常高。

值得关注的是灭菌前的材料寿命不能涵盖灭菌后的材料寿命，也就是说灭菌前五年有效期不能等同于灭菌前两年加灭菌后三年的材料有效期。应考虑材料在正常使用中可能发生的变化，分别确定灭菌前和灭菌后的有效期。

七、标签适应性

新的包装材料常常需要印刷，要对印刷性能进行评价，除确定印刷版面外，材料的印刷性能也很重要，材料的印刷性能与润湿性能和表面张力相关。表面张力的测量可使用接触角测量仪或达因笔，两种测试方法均可以确定表面是否经过处理和处理的程度。某些处理过的表面，随着时间的推移，达因值可能会产生变化进而影响印刷性能。

印刷适应性差的油墨不能和材料很好地结合，会影响外观和易读性，甚至会破坏包装材料涂层的功能性。由于吸附的可接收程度相对于不同产品是不同的，包装材料的用户和制造者需要在接收准则上达成一致。参见 YY/T 0681.7（ASTM F2252）标准。

包装印刷旨在传递信息，不应存在漏印、污点、模糊、重影等造成错误或不易识别的信息。在密封区域印刷可能影响材料的密封性能，密封过程同样可能影响墨水和/或印刷的易读性。印刷性能应与所选择的灭菌过程相容，环境温度、材料的化学性能可能影响印刷过程和印刷质量。

印刷后的包装材料在后续加工过程中的摩擦可能使无菌屏障系统和/或包装系统的图像外观发生改变，如磨损、擦掉或导致印刷内容无法辨认。在实验条件下，通过对表面印刷材料的抗摩擦性与确定的标准进行比较，可以估计运输和处理造成的影响。更多指南参见 ASTM D5264（印刷耐磨）标准。

无菌屏障系统和/或包装系统材料印刷后的表面在其生命周期内可能暴露在化学物中，化学物可能会腐蚀、软化、污染和擦掉印刷内容，对外观和易读性造成影响。对已知或预期化学物抵抗力进行评价的方法参见 YY/T 0681.6（ASTM F2250）标准。

涂胶层的重量可能影响密封的加工性能。很多情况下黏合剂是采取类似印刷的方式涂布于底面材料上，涂层重量可能会影响密封强度和剥离时黏结层的打开证明模式（密封强度的一致性和两底面间涂层的转移）。为保证密封和剥离的结果具有一致性，涂层重量需要符合既定的范围（参见 YY/T 0681.8（ASTM F2217）标准）。

包装标签系统一般按以下方法进行分类：

1. 不直接与内容物接触

（1）直接印于透气性材料外表面；

（2）直接印于不透气性材料外表面；

（3）直接印于不透气性材料夹层中；

（4）需透气性的不干胶标签系统；

（5）不透气性不干胶标签系统；

（6）印于透气与不透气材料封口中。

对于（2）、（3）、（5）、（6）项可按 YY/T 0681.7（ASTM F2252-03）标准进行验证。

对于（1）、（4）项除了按 YY/T 0681.7（ASTM F2252-03）标准验证外，还应做残留物的验证。

2. 直接印于与内容物接触的包装系统内表面

对于印于直接与内容物接触的内表面，除了按 YY/T 0681.7（ASTM F2252-03）标准验证残留物外，还应进行毒理学验证。另外，针对上述所有情况都应进行灭菌适应性验证。

八、环境适应性

1. 环境应变能力

（1）标准依据。YY/T 0681.16《无菌医疗器械包装试验方法第16部分：包装系统气候应变能力试验》，技术上等同采用 ASTM F2825-10《单一供货包装系统的气候应变标准规范》。

（2）验证的要求和内容。

1）本标准不只是涉及无菌医疗器械的初包装，而是针对随医疗器械在流通环境中所经历各种气候环境的包装系统。对于无菌医疗器械而言，"包装系统"包括无菌屏障系统和各种保护性包装。就经受气候环境应变而言，单一包装由于不会受到相邻包装的"隔离保护"作用，代表了堆码包装经受环境应变的最坏情况，因此试验只对单一包装进行试验。

2）本标准可以有两种使用情况。第一种可以作为包装在其包装系统中的无菌医疗器械检验前的预试验。医疗器械制造商在医疗器械全性能检验前，使器械及包装系统经受环境气候应变试验，然后再对器械进行全性能试验。如果器械检验合格，企业就可以在其技术文件中声称，产品在经受各种极端气候挑战后到达用户手上时仍符合标准所规定的各项要求。第二种情况是只针对器械的包装系统进行试验，是用以评价包装系统的气候应变的一个独立试验。这一试验的目的类似于加速老化试验。试验后评价材料的物理特性有没有发生变化。但所经历50℃、4h的温度、时间相对于 YY/T 0681 的第1部分规定的加速老化试验的条件可以忽略，试验中经受的冷热应变可能会对材质有所影响。所谓的"独立的试验"都是指这种情况。

（3）ASTM F2825-10 标准中"气候应变"之所以翻译成"应变"是因为考虑到了材料经受冷缩和热胀的温度转化过程后，会使材料内部产生或消除内应力。金属材料的热处理过程就是一个利用在特定时间内使材料经受两个不同的温度，使材料中产生热应力或消除内应力。例如，无菌包装热封温度过高，冷却后，热封处会发生卷曲。包装在试验中所经历的最低温度和最高温度的差值（70℃，应变差）代表了对包装材料的最大挑战。

（4）标准中"独立试验"只是针对包装系统（未装入器械）进行试验，因此更适合于包装材料或预成型无菌屏障系统的生产厂家开展，用以证明包装材料或预成型无菌屏障系统是否可以抗受气候应变挑战。接收准则主要是针对包装材料或预成型无菌屏障系统的物理特性和完整性来确定的。所谓"物理特性"是指材料未经化学反应所表现出的性质，如颜色、气味、状态、是否融化、升华挥发、熔点、硬度、导电性、延展性等可利用仪器测知，与"结构"无关。因此，这是针对包装"材料"的一个术语。"完整性"则是针对反映结构特征的"密封"而言的。无菌屏障系统的老化后的"开封""卷曲""变形"等都可以作为完整性不满足要求的接收准则。在YY/T 0698最终灭菌医疗器械包装材料的系列标准中，更多地给出了包装在包装材料的特性要求和试验方法（如材料的拉伸强度、悬垂性、导电性、分层拉力等），可供用来制定接收准则。最简单的方法是在气候应变能力试验的终点。按YY/T 0698标准对无菌屏障系统进行检验，以是否合格作为接收准则。

（5）标准要求先后经受−22℃、50℃和30℃三个温度条件各4h，在三个温度之间转换时，需在常温下放置一个不超过数小时的时间。产品在整个试验期间所经受的气候条件的"次序"如表6-8所示，但温度和湿度的限度要比标准实验室条件［(23±1)℃，(50±2)%］宽泛很多。当条件2和条件4放置时间为零时即为标准中所述的最坏情况的试验程序。显然，全部试验进程在8小时工作时间内是不够的，而由于常温放置时间又不能过长，整个试验需要在一天内连续进行，需要试验人员合理安排时间。

表6-8　气候条件

条件	描述	温度（℃）	相对湿度（%）	暴露时间
1	冷	−20±3	未规定	$4h_{-0}^{+30min}$
2	受控的房间条件	23±5	50±10	a
3	热/干	50±3	25±5	$4h_{-0}^{+30min}$
4	受控的房间条件	23±5	50±10	a
5	温度/湿度	30±3	90±5	$4h_{-0}^{+30min}$
6	受控的房间条件	23±5	50±10	a

注：a表示每个条件之间的时间宜在试验方案中形成文件。可由使用者确定。根据流通环境数据、实验设施能力和试验计划等因素，这一时间可近乎为零（最差情况）或最多为数小时。如果各暴露之间的时间预期超过1h，宜考虑控制贮存条件(23±5)℃和(50±10)%的相对湿度。

条件和暴露时间可基于已知贮存和流通系统及条件来确定。

根据试验方案进行气候应变能力试验。

当进行独立试验时，继续进行包装系统性能试验或用事先确定的接收准则评价气候应变能力试验的结果。

（6）意义和用途。表6-8中给出的条件1的冷气候和条件3的热/干气候不是冷热地区的极端温度。日记录均值的意思是：假定最冷地区日记录温度为−32℃～−8℃，从而取均值为−20℃。高温也如此。ASTM之所以声称给出的条件是"世界上冷气候和热气候的日记录的均值"，是基于已有的运输、搬运和贮存环境、当前工业规范等方面的信息。按照各地实际温度来划分，则：

1）热带：终年温度在18℃以上；

2）亚热带：终年温度在0℃以上；

3）温带：冬季温度零下10℃左右，夏季温度28℃左右；

4）亚寒带：冬季严寒漫长，气温低，夏季很短，最高气温不超过18℃；

5）寒带：终年0℃以下。

　　地球上绝大多数人口居住在亚热带和温带，少数人口生活在热带和亚寒带。没有人居住或常年生活在寒带。热带区域运输一般会避免在一天中最热的时段（中午）运输，而寒带区域运输一般会避免在一天中最冷的时段（深夜）运输。我国南部是典型的亚热带气候而北部是典型的温带气候。一个无菌医疗器械的运输过程既经历高温（50℃）又经历低温（−20℃）的概率极低（70℃的应变差）。因此，无菌医疗器械包装经受所给出的试验条件能代表我国运输中所经受的最坏气候应变环境。

　　2. 生产环境

　　无菌医疗器械包装的生产环境应根据包装的特性、工艺流程及相应的洁净级别要求来合理设计、布局和使用，应符合产品质量及相关标准的要求。与无菌医疗器械使用表面相接触的、不需清洁处理即使用的初包装材料，其生产环境洁净度级别的设置应当遵循与无菌医疗器械生产环境洁净度级别相同的原则。若初包装材料不与无菌医疗器械使用表面直接接触，应当在不低于300000级洁净室（区）内生产。洁净室（区）内使用的压缩空气等工艺用气均应经过净化处理，与包装材料使用表面直接接触的气体，对产品的影响程度应当进行验证和控制，以满足所生产产品的要求。生产、行政和辅助区的总体布局应当合理，非医用包装产品不得与医用包装产品使用同一生产厂房和生产设备。生产环境应根据包装产品特性采取必要的措施，有效防止昆虫或其他动物进入。仓储区应满足原材料、包装材料、成品的贮存条件和要求，按照待验、合格、不合格、退货或召回等情形进行分区存放，以便于检查和监控。包装生产过程中应配备与包装产品生产规模、品种、检验要求相适应的检验场所和设施。要根据初包装材料质量要求，确定微粒和初始污染菌的可接受水平并形成文件，按照文件要求进行检验并保持相关记录。

　　3. 清洁和微粒

　　《无菌医疗器械生产质量管理规范附录无菌医疗器械》中2.5.3条规定：无菌医疗器械的初包装材料应当适用于所用的灭菌过程和无菌加工的包装要求，并执行相应的法规和标准的规定，确保在包装、运输、储存和使用时不会对产品造成污染。应当根据产品质量要求确定所采购的初包装材料的初始污染菌和微粒污染的可接受水平并形成文件，按照文件要求对初包装材料进行进货检验并保持相关记录。可见法规对无菌医疗器械初包装的洁净程度是有明确要求的。

　　GB/T 19633（ISO 11607）关于包装材料（如包裹材料，纸、塑料薄膜或非织造布或可重复使用的织物等）要求符合下列七个一般性能要求。

　　（1）材料在规定条件下应无可沥滤物并无味，不对与之接触的医疗器械的性能和安全性产生不良影响（注：由于异味可以得到共识，因此无须用标准化的试验方法测定气味）。

　　（2）材料上不应有穿孔、破损、撕裂、皱褶或局部厚薄不均等影响材料功能的缺陷。

　　（3）材料的重量（每单位面积质量）应与规定值一致。

　　（4）材料应具有可接受的清洁度、微粒污染和落絮水平。

　　（5）材料应满足已确立的最低物理性能，如抗张强度、厚度差异、撕裂度、透气性和耐破度。

　　（6）材料应满足已确立的最低化学性能，如pH值、氯化物和硫酸盐含量，以满足医疗器械、包装系统或灭菌过程的要求。

　　（7）在使用条件下，材料不论是在灭菌前、灭菌中或灭菌后，应不释放出足以引起健康危害的毒性物质。

　　目前国家在对于医疗器械初包装的其他性能方面制定了很多相应的行业标准，初包装微粒污染方面规范有要求却没有相应的行业标准，对医疗器械初包装微粒污染评价没有具体的方法。

因此，中国医疗器械行业协会高分子分会制定了 T/CAMDI 009.1《无菌医疗器械初包装洁净度　第1部分：微粒污染试验方法气体吹脱法》、T/CAMDI 009.2《无菌医疗器械初包装洁净度　第2部分：微粒污染试验方法液体洗脱法》和 T/CAMDI 009.10《无菌医疗器械初包装洁净度　第10部分：污染限量》。

4. 初始污染菌

《无菌医疗器械生产质量管理规范附录无菌医疗器械》第2.5.3条规定：无菌医疗器械的初包装材料应当适用于所用的灭菌过程和无菌加工的包装要求，并执行相应的法规和标准的规定，确保在包装、运输、储存和使用时不会对产品造成污染。应当根据产品质量要求确定所采购的初包装材料的初始污染菌和微粒污染的可接受水平并形成文件，按照文件要求对初包装材料进行进货检验并保持相关记录。

初始污染菌可参考以下标准：GB 4789.2《食品安全国家标准食品微生物学检验菌落总数测定》、GB 19973.1《医疗器械的灭菌微生物学方法　第1部分：产品上微生物总数的估计》、《〈中国药典（2020版）〉微生物检查法》、ISO 11737-1《医疗器械灭菌微生物学方法　第1部分：产品上微生物群落的测定》。

中国医疗器械行业协会医用高分子制品专业分会参考以上标准并结合行业实际，制定了有关无菌医疗器械初包装洁净度的技术要求和检验方法：T/CAMDI 009.3《无菌医疗器械初包装洁净度　第3部分：微生物总数的估计》和 T/CAMDI 009.10《无菌医疗器械初包装洁净度　第10部分：污染限量》。

第三节　如何根据器械选择初包装用材料

一、基本要求

主要有以下五个基本要求：

（1）适合灭菌。主要为环氧乙烷气体灭菌、辐照灭菌和湿热灭菌。

（2）无菌屏障系统（初包装）。如果初包装无特殊说明，那么一旦被打开就要立即使用。初包装要求不借助于其他工具便能打开，并留下打开过的痕迹。

（3）标识。包装上应有产品标准中规定的生产信息、使用信息、法规所要求的信息（如产品注册证号、生产许可证号）。这些信息应清晰、正确、完整。

（4）生物性能要求。无菌、无毒、无热原、无溶血反应等。

无菌医疗器械与包装组成一个系统，在该系统中两者相互影响、相互作用。器械组件和包装系统共同构建了产品的有效性和安全性，使其在使用者手中得到有效使用，这是无菌医疗器械的特殊性，也是和其他医疗器械的主要区别。作为无菌医疗器械的最后屏障，应至少满足 10^{-6} 的无菌保证水平。

因无菌医疗器械包装而引发的医疗器械质量安全事故时有发生，如由于无菌医疗器械包装强度不够而破损，造成产品的微生物污染；出口的无菌医疗器械由于其包装不能经受海上运输环境的挑战而损坏，致使企业蒙受重大的经济损失；还有其他因无菌医疗器械包装材料选择和设计的问题致使产品的环氧乙烷残留量严重超标；临床使用的无菌医疗器械包装在开启时因落屑而造成产品的微粒污染等。以上问题的存在，严重地损害了患者身体健康、生命安全。严酷的事实警示人们，对于无菌医疗器械，不仅要聚焦于产品的安全有效，也要高度关注无菌包装的质量控制。对于无菌医疗器械包装系统的设计，应结合产品的具体结构形式、性能要求、灭菌方法、预期用途，以及国家或地区行政法规等相关要求进行。产品的初包装应符合无菌保证的要求，要和被包装的产品以及灭菌过程相容，确保产品在使用前保持包装的完好性，这是无菌医疗器械满足无菌要求的最后屏障。

（5）无菌医疗器械包装必须与医疗器械相适应，设计包装时应至少考虑以下八个因素：

1）顾客要求；

2）产品的质量和结构；

3）锐边和凸出物的存在；

4）物理和其他保护的需要；

5）产品对特定风险的敏感性，如辐射、湿度、机械振动、静电等；

6）每个包装系统中产品的数量；

7）包装标签、语言要求；

8）环境限制，器械制造商应根据产品的特性条件进行验证。

二、产品的属性

医疗器械的属性通常是指医疗器械的物理特性。

无菌医疗器械产品的包装系统的要求包括生产过程要求、灭菌工艺要求、仓储运输要求、包装预算要求、法律法规要求、市场客户需求等。各项要求都是相互关联的，与无菌医疗器械产品的开发周期也是同步进行的，且每个类别的需求都将最终起到决定包装系统的设计策划的作用。设计阶段的策划要分析医疗器械属性，即产品的物理特性，有助于确认需要建立何种类型的包装系统，以满足医疗器械的基本需求。物理特性包括但不限于以下八个：

（1）尺寸。无菌医疗器械的尺寸，包括总长度、宽度、直径等信息和所有附件的尺寸，这是医疗器械总体的一部分。

（2）重量。用来确定医疗器械、包装和所有附件的总重量。

（3）产品重心。用来确定医疗器械是否平衡或偏移，有助于确定医疗器械在包装系统中摆放的位置。

（4）标签和语言。用来确定医疗器械和所有附件的说明资料。

（5）锋利度/点。用来确定是否有医疗器械和附件可能损坏无菌屏障系统上的边缘或点。另外，在交付最终用户或成品包装时，需要从保护用户及产品的角度，防护医疗器械和附件设备中尖锐的边缘或点。

（6）表面特征。用来确定产品和配件的表面有无特殊防护要求。例如，某些无菌医疗器械表面可能有涂层，有些无菌医疗器械的粗糙表面可能会磨损无菌屏障的材料等。

（7）产品的有效期。所有的医疗器械必须具有一个到期停止使用的日期。

（8）重新装置。确定医疗器械是否可以被包装系统包容。有些产品放置在包装系统中通常有一个特定的方向，重复装置产品的方向，通过试验确定包装系统的规格尺寸。

三、医疗器械的保障

无菌包装系统的主要功能是保护医疗器械直至交付最终用户。由于包装系统的设计具有成本与效益之比，需要对产品的敏感因素进行评估。这些敏感性因素分布于设计制造、灭菌处理、交付使用等环节。了解这些因素有助于决定如何选择无菌屏障系统的材料和保护性包装。对无菌医疗器械的保护要求进行评估至少包括以下六个内容：

（1）温度。用来确定所述产品是否存在极端温度的限制，以判断是否需要控制环境。

（2）湿度。用来确定所述产品是否存在极端湿度的限制。

（3）光源。用来确定产品是否有暴露于紫外线（UV）或可见光的任何限制。

（4）氧气。用来确定产品是否对氧敏感。

（5）冲击。用来确定产品是否对冲击敏感，有助于确定防震保护。要充分了解无菌医疗器械容易受到冲击力的特定方向。

（6）共振。用来确定产品是否对振动敏感。在一个包装系统中，提前预知医疗装置的谐振频率，有助于完善设计，确定所需材料的力学性能。

四、存储、配送和使用

无菌包装系统的设计人员应了解产品全生命周期对包装系统的要求，综合考虑包括仓储、配送和处理等所有因素。这些要求在很大程度上是由无菌医疗器械产品类型和配送方式所决定的，充分了解这些因素有助于解决所有相关产品的保护要求。无菌医疗器械存储的评估、配送和最终使用的要求至少包括以下三方面内容：

（1）存储。要对存储环境进行全面的评估，包括制造商库房的设施、配送中心（包括所有中间环节）的储存环境。关注存储空间大小、堆垛或货架等因素，以及温度/湿度的变化。

最终用户的存储环境可能难以量化，但至少应对最终用户存储产品使用环境的可变性进行分析。这些信息可以从区域所在医院、销售人员等方面了解。

（2）配送/运输。应对配送环境进行评估。配送环境的符合性评估可能耗时且昂贵，但这些因素对包装系统的设计也产生着直接的影响。要确定的基本要素包括制造商和配送中心转送无菌医疗器械产品的运输车辆，以及了解客户配送过程的转移运输方法等。

（3）最终使用。应进行无菌医疗器械最终使用的评估。这项评估包括制造、分销和客户环节中的因素。无菌医疗器械的包装形式直接关系到产品如何使用，是人工打开还是借助工具打开。最终的使用习惯通常决定了包装的配置，例如是单个包装还是多个包装等。

五、成本考虑（包装系统总成本测算模型介绍）

1. 初包装材料和初包装经济性能简单评价

（1）包装材料成本的考量原则；

（2）包装密封设备投入的考量原则；

（3）包装过程效率的考量原则。

预算成本是所有设计项目的共同因素。决定该项目是否可行，是否被最终采用，其决定性因素不仅是设计，还包括预算成本。在无菌医疗器械的包装系统设计中，应该有一个预算成本设计。了解预算成本有助于梳理包装系统设计过程中各个阶段的工作，并做出相应决策。

对预算成本要求的评估应至少包括以下三方面内容：

（1）材料：选择的最终包装系统材料的成本是否满足该医疗器械的要求。此外，还需要考虑器械本身的成本。

（2）制造：构成包装系统的相关成本。包括工具、设备、占用空间、材料消耗和人工成本。

（3）供应链：储存、运输、配送等过程发送交付无菌医疗器械至最终使用者的相关费用。

2. 初包装材料和初包装经济性能综合评价

在无菌医疗器械包装系统设计输入或包装更改设计的过程中，包装设计人员或包装工程师可以在满足灭菌方式和性能的要求的前提下考虑包装成本，选择不同的包装形式、不同的包装材料，甚至选择降低包装失效对总成本的影响。这是一个系统工程，需要对包装系统的总成本进行测算对比，以最终取得最佳的解决方案。主要流程包括以下五个方面：

（1）全面了解包装方案的总体成本；

（2）分解和分析不同的成本要素；

（3）不同的包装方案可与包装系统的总成本进行比较；

（4）为包装策略的改进提供事实依据；

（5）使用数据确保并演示最有效的包装解决方案。

包装系统总成本非常复杂，包括许多需要考虑的不同成本因素，不同的公司都会有适合自身的成本分析工具，例如杜邦的测算模型列举了有关的重要成本因素。从产品的全生命周期来看，在设计初期，通常需要考虑的是医疗器械的尺寸、形状、重量以及数量以选择包装类型、包装尺寸和包装材料，然后再考虑医疗器械包装工艺成本、灭菌工艺成本、包装材料成本和分销运输成本，以及器械使用完成后保护性包装丢弃或再利用的成本。该模型的目标是能够在整个医疗器械生命周期中分析包装成本，并使医疗器械加工商能够量化从开发到使用结束后的单位包装成本。值得一提的是，在整个系统成本中，不要遗忘包装材料验证的成本，设备折旧成本和产品召回的损失成本（有时会包括医疗器械本身的成本）（见图6-3）。

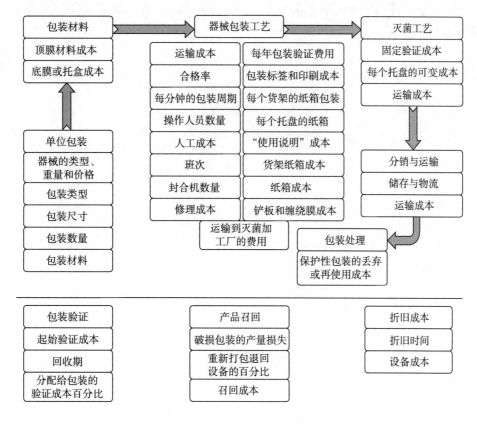

图6-3 包装系统总成本测算模型

如果在实际运用中难以计算出相应成本要素的具体数值，也可以通过以下简易的包装总成本系统帮助了解全部的基本成本构成，以图6-4为例。

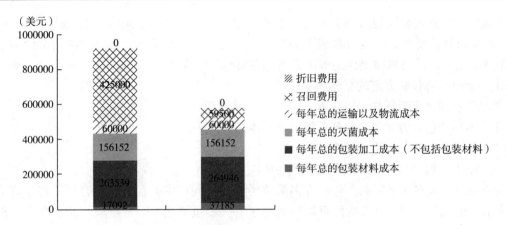

图6-4   简易包装系统总成本模型示例

在实际应用过程中发现，造成成本差异的最大要素是产品的退货，而因退货导致的盈亏平衡点主要取决于：器械的成本，退货率，退回的产品将弃用还是重新加工以及运输与清关费用（出口时）。

包装材料的成本绝不等同于包装系统成本，更低的包装系统成本对最终包装方案的选择固然重要，但从无菌医疗器械包装的要求来讲，首先考虑的是对患者和医护人员的保护，以及对环保可持续发展的影响。

第七章　无菌医疗器械包装系统的验证和确认

第一节　包装过程确认

一、总体要求

在无菌医疗器械包装系统的设计中，应了解产品和包装将受到哪些制造过程的影响。设计人员应关注相关包装系统密封、印刷的流程和环节。对制造过程的评估至少包括以下四方面内容：

（1）地址。确定医疗器械在哪里生产并包装，包括多个生产地址的确认。因为最终产品的原材料、配件、组装、包装等过程可能在不同的生产场地之间运输，要对这些不同生产场地进行评估，确定各个制造环境因素。这些因素可能会影响并决定产品包装系统的设计。另外，如果相同的医疗器械在多个不同的生产场地制造，这些生产场地设施之间的差异也应该被识别。

（2）设备。对包装设备进行是否符合成本效益的评估，确定所设计的包装系统是否可以使用现有的包装设备。另外，通过对现有包装设备的评估可以确定是否需要购置新的设备。

（3）确认。无菌屏障系统成型工艺验证是关键因素，特别是无菌屏障成型的时间和过程。对无菌屏障系统设计、密封、成型、组装的评估应在系统设计前完成。

（4）培训。如何组成包装系统或操作运行包装设备，应对操作员工进行培训。

二、产品族和最坏条件的确定

1. 医疗器械最坏情况构型

GB/T 19633.1（ISO 11607-1）标准规定：当相似的医疗器械使用相同的包装系统时，应阐述确立相似性和识别最坏情况构型的基本原理并形成文件。宜在最坏情况下确定与 GB/T 19633.1 标准的符合性。

在医疗器械产品群（相似但不相同的医疗器械）中，可以使用相同的无菌屏障系统来保护多种医疗器械。包装系统最容易损坏的医疗器械可以确定为最坏情况。最坏情况构型可能是医疗器械中体积最大或最重的物品，或有尖锐的突出，或带有附件或医疗器械特性最多的器械。最坏情况的确定通常是清楚的。然而，某些情况下可能必须对多个医疗器械进行测试，如最重的医疗器械和生产量最多的医疗器械，以确保包装系统获得最大挑战。进行书面描述和评价最坏情况构型，将确保其产品群中的其他医疗器械同样受到包装系统的适当保护。

2. 无菌屏障系统有关产品的最坏情况

GB/T 19633.1 提供了更多关于包装系统性能测试的最坏情况的测试指导。性能测试应使用最坏情况的无菌屏障系统，即在特定的极限参数下成型和密封过程后，又暴露在所有特定的灭菌过程后的无菌屏障系统。有两种主要的方法解决这部分的关键问题。

第一种方法是最通用的方法，即采用性能测试最坏情况的无菌屏障系统。具体是指在采购过程中验证所采购的样品时，密封加工是经过确认且可以采购的预成型无菌屏障系统。常规操作条件下按批次生产的无菌屏障系统被测试并评估。通过从多个批次选择合适的样本量（通常为三个批次），可以确保在给定的置信水平下，代表了全部包装的特征（例如密封强度）。因此，样本量和批次数量选择原理是确认文件的重要部分。

第二种方法是在涉及最坏情况条件下的生产无菌屏障系统，这个最坏条件通常是指已验证过的过程极端条件。在某些情况下，无菌屏障系统可能是在经确认的最低的温度下限、压强下限、保压时间下限和最坏情况的密封质量下制造的。如采用运行确认（OQ）中确定的参数生产用于评估包装系统性能的无菌屏障系统。因为需要在最坏情况下进行特定、单独的生产无菌屏障系统，这种方法的成本可能比较昂贵。

3. 无菌屏障系统制造过程的最坏情况

GB/T 19633.2对最坏情况的规定是："当确认相似的预成型无菌屏障系统和无菌屏障系统的制造过程时，确立相似性和最坏情况构型应充分论证并应形成文件，至少应使最坏情况构型按GB/T 19633的本部分进行确认。"在这种情况下，最坏情况构型适用于无菌屏障系统制造过程，而非医疗器械本身。在确认制造过程时，预成型无菌屏障系统可能作为一组，如纸塑袋，大小不同的顶端和底部的可视为一组。为了保证确认对整个无菌屏障系统有意义，需要识别预成型无菌屏障系统群的最坏情况的构型。热封时，关注密封区域的极限状况非常重要。如考虑纸塑袋上密封宽度的大小、泡罩包装密封尺寸、热成型托盘和盖材密封区的总面积，即密封滚筒下的总面积。这种方法可以对密封过度和密封不足的最坏情况予以确认，同时对温度与压强的分布也需进行评估。

考虑密封过程的最坏情况的包装构型可能与灭菌验证的最坏情况不同，但它们同样重要。

应确认所有的风险管理过程中确定的控制方法，并确认运行是否有效。

三、包装过程确认内容和程序

1. 总则

无菌医疗器械初包装的包装过程包括成型、密封及封装。通过对成型、密封及封装的过程建立确认控制程序，达到能够满足无菌屏障系统的要求。确认控制程序主要包括以下三个方面：

（1）制订确认计划。确认计划是确认目的、过程和方法进行综述的确认管理文件。对整个确认程序、组织结构、内容和计划进行全面安排。

（2）编制确认方案。确认方案是包装确认的指导文件，指导包装确认的具体实施，围绕包装过程的安装、运行、性能三大模块，详细列明各模块的确认操作。

1）安装确认。安装确认通过对设备和辅助系统进行安装、校准和调试确认，确认过程设备和辅助系统符合设计和操作的要求。

2）运行确认。运行确认是对包装过程参数上、下极限及最佳工艺条件的确认，同时确认在极限生产条件下仍然能够稳定生产出满足规定要求的无菌医疗器械初包装。

3）性能确认。性能确认是按确定的参数运行，确认在规定的操作条件下能持续生产可接受的无菌医疗器械初包装。

（3）确认报告/再确认。对包装过程确认进行总结，汇总形成报告；明确对影响确认的变更要实施再确认。

2. 制订确认计划

确认计划是开展确认的重要指南文件，确认计划内容主要包括确认的组织及相关的责任，所有确认项目和详细的确认工作时间表等。

（1）过程确认的组织，包括各类文件的编制、审核、批准、执行人员及其职责。确认小组是为完成每个项目验证确认工作而成立的临时工作小组。该小组应由多部门人员组成。组长、副组长一般由待验证的对象职能主管部门负责人担任（熟悉本项目验证要求的其他有资质的人员也可担任组长）。小组成员掌握的技术能协助验证和确认工作的圆满完成。小组成员由确认组长在起草确认方案时根据要求指定，但要求每个确认小组里必须有质量人员参加并参与确认的全过程，职责划分可以参照小组职责（见表7-1），或参照职能部门（见表7-2）。

表7-1　按确认小组成员划分

人员	姓名	职责
组长	×××	负责组织确认项目的实施；负责对其确认方案、确认报告批准
副组长	×××	负责协助组长工作，组织起草确认项目的确认方案、督促确认小组成员按照确认方案的要求做好确认记录、起草确认报告并对确认方案中试验方法、有关试验标准、确认过程及实施结果进行审核及项目总结等，整理确认档案
组员	×××	负责按各自的职责范围内完成确认方案的起草、会审，确认具体的实施，对确认结果进行记录，对实施确认的结果负责

表7-2　按职能部门划分

职能部门	姓名	职责
确认主导部门	×××	负责书写和执行确认计划。组织起草确认项目的确认方案、督促确认成员按照确认方案的要求做好确认记录、起草确认报告并对确认过程及实施结果进行审核及项目总结等，整理确认档案
生产部门	×××	负责按确认方案中运行确认与性能确认的具体实施；负责书写或修改制定的SOP；负责拟定与生产工艺有关的设备安装要求，交所确认部门上报审核批准；负责将所负责的确认原始记录/文件等进行汇编确认，并移交确认部门
质量部门	×××	负责监管在确认计划指导下的各个系统的确认工作；负责对确认方案中提供的工艺参数要求和相关的SOP进行评审；负责制定控制标准、检验规程及取样程序；负责对确认可接受标准的确认；负责按检验规程进行检验
设备部门	×××	负责支持确认计划确认步骤中所述的具体方案；负责设施、设备、仪器的安装、调试，并做好相应的记录；负责建立设备、仪器档案；负责仪器、仪表的校正；负责起草设备（包括公用设施）的操作、清洗、维护保养的标准操作规程；负责对确认中相关部分进行确认并与全部原始记录等文件进行汇编确认后移交确认部门
人力部门	×××	负责培训记录备案；负责组织对验证中应该掌握的技能的培训；负责组织所有验证管理人员和操作人员都应参加项目验证方案的培训
供应部门	×××	负责为确认提供各种外购物资的保障
分管领导	×××	审批方案、报告

（2）过程确认中的项目和时间安排。在确认计划中应制定确认过程实施的时间安排，按照项目进行列表如表7-3所示，对主要确认项目安装确认、运行确认、性能确认列明具体的时间以及人员安排，确保在时间安排的先后逻辑顺序合理可行，必要时可对每个主要项目中涉及的试验项目、抽样等详细列表。

表7-3　验证计划表

确认项目名称	计划时间	拟完成时间	责任人	实施地点

3. 制订确认方案

确认方案是描述某个具体确认项目如何进行确认并确定确认合格标准的书面方案。确认项目通常由三大部分组成：一是确认项目概述，阐述需要检查、校正及试验的具体内容；二是对需要确认的关键点设定可接受标准和试验方法，即检查及试验达到什么要求以及如何检查的方法；三是记录格式，即检查及试验应记录的内容、结果及评估意见。确认方案一般包括但不限于本指南附录十一中给出的内容。

四、包装过程的安装确认

第五章对新设备的验收已有详细论述，这里不再重复。本部分重点讨论整个过程的安装确认。

1. 安装确认目的

确认设备、环境、文件等包装过程的准备工作已准备就绪，各方面正常，能够开展确认验证。

2. 安装确认内容

安装确认根据包装设备的不同而不同，企业在进行安装确认的时候要根据设备的特点开展确认工作，例如，一台手动的封口机和一台全自动的包装封口设备的安装确认就存在着很大差异，下边只是给出了示例，企业可根据需求进行减少或增加相关确认内容。

（1）设备的基本信息。包括设备的名称、型号、位置等，以及需要的辅助设备（如空气压缩机）或抽真空等，可将设备基本信息进行列表，表7-4列举了设备安装的信息以供参考。

表7-4　设备安装信息表

设备名称	
型号	
生产厂家	
所在部门	
安装地点	
安装时间	

设备名称	
设备编号	
辅助设备	

（2）设备安装情况。包括外观、接线、公用设施、安装环境等符合要求，表7-5列举了设备安装情况检查的部分项目以供参考。

表7-5 设备情况检查表示例

参数	要求	是否可用
外观	外观完好、无破损	□是 □否
接线	相线连接正确	□是 □否
设备安放位置	便于操作、维修	□是 □否
设备部件连接	连接正确	□是 □否
公用设施	公共设施已调试到位	□是 □否
环境要求	洁净车间	□是 □否

（3）报警和警示系统。是否有报警和警示系统或停机开关。如果有，应在经受关键过程参数或超出预先确定的限值的时间中得到验证。有哪些，如何验证，需要在方案中说明，如压力报警、温度报警、机械装置报警，对其进行挑战试验，表7-6列举了报警和警示系统或停机开关的检查项目以供参考。

表7-6 报警和警示检查表示例

参数	要求	是否可用
机器停用后参数设置	应能保持	□是 □否
参数报警：如温度报警	超出温度范围±×℃，发出警报	□是 □否
机械装置报警	正常	□是 □否
紧急停机开关	停机正常	□是 □否
断电重启	设备能正常开机，运转正常	□是 □否
是否符合生产要求	□符合 □不符合	签名： 日期：

（4）关键过程参数。关键过程参数有哪些要予以明确的规定，如温度、压力、速度等。关键过程参数应得到控制和监视，要谨防那些无法监控的参数列为关键参数或需要确认的参数。表7-7列举了关键过程参数的检查项目以供参考。

表7-7 关键参数检查表示例

参数	温度：如封口温度	时间：如封口时间
监测的关键参数	□是 □不是	□是 □不是

参数	温度：如封口温度		时间：如封口时间	
是否对关键参数进行控制和监控	□是 □不是		□是 □不是	
是否符合生产要求	□符合 □不符合		签名：	日期：

（5）成型/密封或其他闭合系统、固定器（工具）的书面检测结果。

（6）关键过程参数的仪器、传感器、显示器、控制器经过校准或检定的证书或报告（建议列一个清单，标注清楚，如果有多个同样的需要校准或检定的仪器，那么需要标识清楚每一个都经过了校准或检定），校准时间和有效期应与实施确认的时间相符合，能满足确认的要求，表7-8列举了关键过程参数的仪器、传感器、显示器、控制器的检查项目以供参考。

表7-8　校验信息表示例

项目 ＼ 项目	仪表名称	仪表编号	校验日期	校验有效期	校验部门	校验精度
传感器						
显示器						
控制器						
仪器						

（7）应对随附的文件、印刷品、图纸和手册以及制定的设备操作规程、清洁规程、维护保养规程等文件进行确认，必要时还应有设备的维护保养和清洗、清洁、消毒时间表，表7-9列举了部分相关文件以供参考。

表7-9　文件保管情况登记表示例

文件名称	编号	存放地点
产品使用说明书		
操作规程		
清洁规程		
维护保养规程		

（8）配件清单，应列举确认设备相关的备品备件以及其他用到的工具等，表7-10列举了配件的检查项目以供参考。

表7-10　备件表示例

材料、构配件设备名称	规格型号	生产厂家	生产批号	数量	日期

（9）如果有程序逻辑控制器、数据采集、检验系统等软件的应用，应确保其预期功能。需要说明如何进行功能试验，以验证软件、硬件，接口的正确性。安装确认中应包括输入正确、不正确数据以及模拟输入电压的降低等，以测定数据或记录的有效性、可靠性、同一性、精确性和可追溯性。

如适用，应验证软件系统的应用情况，参照 GB/T 42061 和 ISPE GAMP5 良好自动化生产实践指南（第五版）。

（10）环境条件，包括是否需要特定的洁净车间、是否对温度和湿度有特殊要求等，表7-11 列举了环境条件的检查项目以供参考。

表 7-11　安装环境检查表示例

项目	要求	检查结果	结论
空间环境	周围无强烈的震动气流无腐蚀性气体存在		□合格　□不合格
温度	如：5~40℃		□合格　□不合格
湿度	如：≤80%		□合格　□不合格
大气压力	如：70KPa~106KPa		□合格　□不合格
电压	如：220V		□合格　□不合格
频率	如：50Hz		□合格　□不合格
地线	设备必须有单独的接地线，可靠接地，绝不能接于电源的零线		□合格　□不合格

（11）培训具有针对性，确认方案必须进行培训，培训记录应作为方案的附件，表7-12 列举了培训记录以供参考。

表 7-12　培训记录示例

培训时间		培训教师	
培训地点		培训方式	
培训内容	内部审核知识		
参加培训人员签名			
培训内容摘要			

考核方式：□口头提问　　□闭卷考试　　□实操考试

考核结果：

考核人：　　　　年　月　日

培训评价：

评价人：　　　　年　月　日

3. 安装确认的结果

安装确认的结果应形成安装确认记录和/或安装确认报告。对于简单的包装过程形成记录表即可，涉及多个子设备或软件确认的，建议分项目形成确认报告，并对整个安装确认过程做个总结性说明，表7-13列举了安装确认检查的项目以供参考。

表7-13　安装确认表示例

项目	描述	检查结果	
		完成	未完成/不需要
1	记录设备供给商信息、设备/配件型号、设备工厂编号		
2	随附的文件、印刷品、图纸和手册，操作手册和程序		
3	确认设备安装处预留有足够的空间用以生产以及设备的维护、调节和清洁等		
4	确认设备正常运行所需的环境温度、湿度及电压、电流、生产用气气压		
5	检查设备的紧固和松动部件安装无误		
6	检查模具是否符合生产要求		
7	确认所有的正常生产操作所必需的其他配件都准备妥当并安装准确		
8	确认主电路开关存在、有标识并运行正常		
9	确认设备预维修保养方案已准备完毕		
10	确认设备操作者已接受相关培训并给出附有签名和日期的相关培训记录		
11	确认当电压有一定波动时设备可以运行正常		
12	确认加热控制器存在、有标识并运行正常		
13	确认计数器存在、有标识并运行正常		
14	确认热电偶存在、有标识并运行正常		
15	确认报警装置存在并运行正常		

检查结论及偏差说明：

检查人		复核人	
日期		日期	

五、包装过程的运行确认

1. 运行确认目的

无菌医疗器械生产包装过程的OQ是指过程的运行确认，即获取安装后的包装设备按运行程序使用时，其运行是否在预期确定的限度内的证据，并形成文件的过程。运行确认的目的是在设备能达到的技术参数范围内，对包装过程参数上、下极限及最佳工艺条件的确认，同时确认在极限生产条件下仍然能够生产出满足规定要求的无菌医疗器械初包装。运行确认（OQ）是研究以建立最坏情况的操作窗口，确认在操作极限条件下生产的无菌屏障系统是否能可靠地达到已确定的接收准则。通常这是操作窗口的极限情况，如最低或最高温度、最低或最高压强、最短或最长保压时间等。应对窗口进行评估以核实最合适的过程能力，得到的结论应予以保持。

用于运行确认的样品其性能测试应包含在最坏情况下生产的样品，这样将保证整个过程窗口得到确认（见 GB/T 19633）。在运行确认中使用的样品如果与 PQ 中确定的样品一样都是极限生产条件下的样品，则该样品同样可以用于性能确认。

2. 运行确认的要求

OQ 文件的形成，应遵从 GB/T 19633.2《最终灭菌医疗器械的包装　第 2 部分：成型、密封和装配过程的确认要求》标准。该标准规定了最终灭菌医疗器械包装过程的开发与确认要求。这些过程包括了预成型无菌屏障系统、屏障系统和包装系统的成型、密封和装配。适用于工业、医疗机构对医疗器械包装和灭菌。

应对包装运行确认（OQ）活动进行策划并形成文件，确定接收准则。这些预先确定的要求通常包括尺寸、密封强度、密封完整性、打开特性和材料完整性。

运行确认应由设备的使用厂家进行确认。过程参数应经受所有预期生产条件的挑战，以确保能生产出满足规定要求的预成型无菌屏障系统。

应在上极限参数和下极限参数下生产预成型无菌屏障系统，并满足预先确定的要求。应重点考虑以下三个质量特性：

（1）对于成型和组装。

1）完全形成/装配成无菌屏障系统；

2）产品适于装入该无菌屏障系统；

3）满足基本的尺寸。

（2）对于密封。

1）规定密封宽度的完整密封；

2）通道或开封；

3）穿孔或撕开；

4）材料分层或分离（注：密封宽度技术规范的示例见 YY/T 0698.5 第 4.3.2 条）。

（3）对于其他闭合系统。

1）连续闭合；

2）穿孔或撕开；

3）材料分层或分离。

设备使用厂家可根据 GB/T 19633.2 标准制定确认文件。

3. 抽样方案

在运行确认过程中，要使确认具有科学性，需要建立适用的抽样方案，抽样方案应有统计学意义。

可以参照 ISO 2859-1 抽样检验标准、GB/T 2828.1《计数抽样检验程序　第 1 部分：按接收质量限（AQL）检索的逐批检验抽样计划》或 GB/T 450《纸和纸板试样的采取及试样纵横向、正反面的测定》等标准建立适合运行确认过程的抽样方案。

另外，一些统计学软件中也给出了一些计算方法或公式，如 Minitab 等根据无菌医疗器械产品特性，基于过程进行风险分析，例如，根据 ASTM F3172 血管内器械的设计验证装置尺寸和样品尺寸选择的标准指南，采用二项分布和零故障确认方法。同时，使用方程 $n = \ln(1-C)/\ln R$，其中 R 是可靠性，C 是置信度，n 是样本量，根据试验性能的风险（见表 7-14）确定抽样方法。

表 7-14　不同风险水平的样本量相关参数

基于最新风险分析定义的严重程度	置信度（%）	可靠性（%）
风险等级 5	95	99
风险等级 3~4	95	95
风险等级 1~2	95	90

根据产品的风险管理文档，"包装"项目的风险严重程度为 3 级。因此，选择 95% 的置信度和可靠性，可接受的失败数 = 0 时，可以满足要求，因此选择的样本量为：

$n = \ln(1-C)/\ln R$

$C = 0.95$ and $R = 0.95$

$n = \ln(1-0.95)/\ln(0.95) = 58.4$

综上所述，样本量应 ≥59，因此应至少选择 59 个样本进行测试。

4. 性能测试试验方法

在运行确认过程中，需要对无菌屏障系统的功能性指标进行试验，可以按照 GB/T 19633.1 选择试验方法，试验方法是否适用要进行确认，确认的过程要形成文件。

（1）试验方法的确认应证实所用方法的适宜性，一般包括五个要素。

1）确定包装系统相应试验的选择原则；

2）确定可接受准则（合格/不合格的原则，或确认结果是否可接受的原则）；

3）确定试验方法的重复性；

4）确定试验方法的再现性；

5）确定完好性试验方法的灵敏度。

（2）除非在材料试验方法中另有规定，试验样品宜在（23±1）℃和（50±2）% 的相对湿度下进行状态调节至少 24h。

（3）主要性能测试项目。

1）完好性。无菌医疗器械初包装完好性检测一般为目力检测，可参考 GB/T 19633。外观应不存在下列缺陷：

①无菌屏障材料的不规整性，如开裂、裂缝、穿孔或破碎；

②有外来物质；

③尺寸精度；

④密封完好性（开封或密封不完整）；

⑤有湿气、水分或水印。

2）开启后。对开启后的包装样品，应检验下列缺陷：

①外来物质，特别是在器械部件上的外来物质；

②无菌屏障材料内表面的不规整性，包括开裂、裂缝、穿孔或破碎；

③密封特性（不规则、不均一、不连续的密封）；

④有不可接受的湿气、水分或水印。

3）密封性。应用物理试验来证实密封的不渗透性、连续性和最小密封强度。

①拉伸密封强度试验。

可参考的标准包括：YY/T 0681.2《无菌医疗器械包装试验方法　第 2 部分：软性屏障材料

的密封强度》，YY/T 0698.5《最终灭菌医疗器械包装材料 第5部分：透气材料与塑料膜组成的可密封组合袋和卷材要求和试验方法》。

该试验通过拉伸测试一段密封部分来测量包装密封的强度。该法不能用来测量接合处的连续性或其他密封性能，只能测量两材料间密封的撕开力。

②胀破/蠕变压力试验。

可参考 YY/T 0681.3《无菌医疗器械包装试验方法 第3部分：无约束包装抗内压破坏》，YY/T 0681.9《无菌医疗器械包装试验方法 第9部分：约束板内部气压法软包装密封胀破试验》。

最终包装压力试验是通过向整个包装内加压至破裂点（胀破）或加压至一个已知的临界值并保持一段时间（蠕变）来评价包装的总体最小密封强度。

需要注意的是：拉伸强度试验和胀破/蠕变试验之间并无相互关系，它们是两个独立的试验，就包装密封强度而言，两项试验所得出的结果具有完全不同的含义。

③染色渗透试验。

可参考 YY/T 0698.4《最终灭菌医疗器械包装材料 第4部分：纸袋要求和试验方法》。向包装内充入含有渗透染色剂的液体，观察密封区域处是否有通道或包装材料上是否有穿孔。

5. 确认内容

通过预实验、正交试验确认工艺参数的范围，在工艺参数的上、下限下运行生产，对生产的包装进行包装的物理性能试验，检验最差状态下过程结果的符合性，以确保这些设备在可预见的制造情况下均符合规定要求。

（1）预实验。

1）根据查找的资料、文献或供应商提供的基础参数数据进行预实验，初步确认参数范围。可通过固定某一过程参数，适当扩大其他变化参数的适用范围，生产临界上限和下限（导致包装不合格的条件）的产品。监测过程参数或产品特性，使其始终处于控制状态。例如，确定包装的典型工艺参数：温度、时间、压力。

2）温度过低会出现包装袋达不到材料熔点，封口漏气等缺陷，如温度过高则会出现包装材料收缩、烧焦、破损等缺陷。试验时，先将时间、压力参数固定在上述确定的基础参数的中值；然后，只调整温度参数直至出现温度过低的不良品和温度过高的不良品，分别记录其温度参数值，作为温度的上、下限，加上中值即为温度参数的三个水平。

3）热封时间过短会造成材料吸热过少，密封强度达不到要求，如热封时间过长则会出现包装材料收缩、封焦和破损等现象。试验时，先将温度、压力参数固定在上述确定的基础参数的中值；然后，只调整时间参数直至出现时间过短的不良品和时间过长的不良品，分别记录其时间参数值，作为时间的上、下限，加上中值即为时间参数的三个水平。

4）封合压力过低会出现封口不全、漏气等缺陷，如压力过高则会出现纸片被压过薄或托盘变形等缺陷。试验时，先将时间、温度参数固定在上述确定的基础参数的中值；然后，只调整压力参数直至出现压力过低的不良品和压力过高的不良品，分别记录其压力参数值，作为压力的上、下限，加上中值即为压力参数的三个水平。

参数水平确认后，预实验即可认为完成，然后在预实验数据上进行参数窗口的验证。

（2）性能鉴定。进行外观检查、热封强度测试、包装完整性检测等物理性能试验时，要进行记录。如表7-15～表7-17所示。

表7-15 包装热合后外观验证示例

验证目的：确认包装热合后外观可以达到标准要求
验证要求：检查热合平均、热封过度、热封线过窄、泄露通道、皱褶/堆叠/裂痕、纤维零落〔开封〕
验证依据：ISO 11607-2：××××
验证〔操作〕人员姓名：

验证项目：

- 包装热合后的外观

验证方法：

- 目视距离 30~45cm。
- 检查全部热合区的完整性、均一性。

实践记载：

热封温度（℃）		结果
160		不合格
170		不合格
180	热合平均、热封过度、无皱褶/堆叠/裂痕、纤维零落〔开封〕	合格
190		合格
200		合格
210		不合格
220		不合格

结论：

验证人/日期：	审核人/日期：

表7-16 热封强度验证示例

验证目的：确认包装热合后包装的热封强度可以达到规范
验证要求：热封强度值取不小于 1.5N/15mm
验证依据：ISO 11607-2：××××、EN868-5：××××、YY/T 0698-××××
验证〔操作〕人员姓名：

验证项目：

- 包装热封强度的实验

验证方法：

- 校验合格的剥离剂。
- 预备切割 15mm 宽实验用样品，样品边缘应与热合区垂直。
- 一个夹具夹持塑料复合膜的自在端，另一个夹具夹持纸的自在端，使尾部无支撑地悬放，以 200±10mm/min 的速度热封界面剥离，记载最鼎力。
- 测试角度 180 度。

实践记载：

热合温度（℃）	剥离实践值〔N/15mm〕	结果
160	1.2	不合格
170	1.4	不合格
180	1.6	合格
190	1.7	合格
200	1.8	合格
210	1.4	不合格
220	1.2	不合格

结论：

在厂家建议的200℃热封后停止剥离力检验均在 1.5N/15mm 以上。

经过包装热拉力检验结果判别涂胶纸+透明复合膜这种材质的极限温度为180℃～200℃，与厂家所给的资料相符。

验证人／日期：　　　　　　　　　　　　　审核人／日期：

表7-17　包装完整性验证示例

验证目的：确认包装的完整密封功能可以达到规范要求

验证要求：无肉眼可见贯穿热封面的溶液通道出现

验证依据：GB/T 19633、YY/T 0698-××××

验证〔操作〕人员姓名：

验证项目：
* 包装的完整性

验证方法：
* 包装袋热封；
* 将包装纸袋浸于染色溶液〔罗丹明溶液〕中；
* 完全浸入两分钟，保证各热封面都浸入溶液中；
* 用镊子夹出纸袋后，放入60℃烘箱，确保溶液挥发。

实践记载：

热合温度（℃）	结果
160	不合格
170	不合格
180	合格
190	合格
200	合格
210	不合格
220	不合格

结论：

在厂家建议的200℃热封浸透性测试中，未发现渗漏和剥离现象，包装完整能用达到要求。

验证人／日期：　　　　　　　　　　　　　审核人／日期：

（3）最佳参数确认。最佳参数的确认可以用实验设计（DOE）的方法进行正交试验，以确认工艺参数范围的选择。正交试验就是使用已经造好了的表格——正交表来安排试验并进行数据分析的一种方法。具体案例可见本指南附录十二。

（4）挑战试验。在最佳工艺参数及上下限确认后，要进行恶劣工况的挑战试验，如设备短时断电、操作者不同、环境温度变化等情况下确认的参数仍能生产出合格的产品。确认过程同样按调整参数，制作产品，抽样检验外观、热封强度、完整性等步骤展开。

6. 确认结果

运行确认的结果应形成运行确认记录和/或运行确认报告。对整个运行确认过程做总结性说明。

六、包装过程的性能确认

1. 确认目的

性能确认的目的是证实该过程在运行确认的操作条件下能持续生产可接受的无菌屏障系统。性能确认应规定：

（1）实际或模拟产品，若为模拟产品应进行评价，其可代替实际产品的理由是什么。

（2）运行确认中确定的过程参数，上限、下限都应进行运行。

（3）产品包装要求的验证。按照包装的检验规程进行检验。

（4）过程控制和能力的保证。对过程稳定性进行研究，输出过程能力曲线。

（5）过程重复性和再现性。建议每个极限组合的参数下都进行三批的试验，试验的数量可以根据情况进行。

2. 确认要求

无菌医疗器械生产包装过程的PQ是指过程的性能确认，是指评价成功生产运行的连续三批，三批性能确认（PQ）需要成功且中间没有失败，以确认生产的无菌屏障系统满足规定的接收准则。这些是在正常工作条件下的运行，可能被设备或其他因素打断，要充分地考虑运行时间和转换过程的影响，如间断、多次换班等。

应对性能确认活动进行策划并形成文件，确定接收准则。这些预先确定的要求通常包括：尺寸、密封强度、密封完整性、打开特性和材料完整性。

3. 确认内容

在性能确认之前，以运行确认的数据为基础，形成技术规范，如封口作业指导书（或工艺规程），在性能确认中使用这个文件。确认方案中应规定足够数量的试验样品和重复的生产运转过程，以验证不同运转过程之间的重现性和变异性；应监控并记录基本过程参数变量；应建立包装操作的过程控制要素的书面程序和规范，并将其并入性能确认中。PQ确认应包括以下五方面内容：

（1）实际或模拟的产品；

（2）在OQ中确认的温度、压力、时间等的密封和成型过程参数，包括设置和公差；

（3）密封宽度、连续性和完好性等包装质量特性的有效试验方法；

（4）保证过程控制和能力；

（5）工艺的可重复性。

该工艺的PQ应至少包括三次生产运行，以评估运行范围内的可变性和不同运行之间的重现性。这些过程变化包括但不限于机器预热直到达到平衡、中断和移位变化、正常启动和停止以及物料批次差异。

4. 确认计划

确定无菌屏障系统评价的基本原理包括确认的计划应形成书面文件。对于特定的材料组合通常可引用有关的历史数据，但应对这些信息进行评价以确定是否适用，并保留基本原理的参考文件。确认计划应由授权人员进行评审并得到批准，计划中应描述需确认的性能要求。

5. 试验过程

（1）建立形成文件的不间断过程控制和监测。

无菌医疗器械生产企业应按照 GB/T 19633.2 标准的要求对包装过程建立不间断的过程监测和控制的文件，通常包括：

1）监测和记录关键过程参数；

2）按照质量体系的控制要求对无菌屏障系统进行过程测试（注：所选监测设备必须适合监测过程）。

（2）确定包装系统的合格/失败状态。

1）完成测试后，确定包装系统是否符合可行性试验方案中规定的接收准则。

2）如果包装系统符合测试方案中所规定的接收准则，则包装系统通过可行性测试，说明设计正确，下一步可以开始准备包装系统确认。

3）如果包装系统无法满足测试方案中规定的接收准则，应确定失效模式并进行调查，针对失效模式采取纠正措施。可能包括重新设计概念和重复可行性试验。

（3）无菌屏障系统的测试方法

1）根据 GB/T 19633 标准，将包含经确认的测试方法的测试方案形成文件。

2）测试方法中应包括接收准则。

3）无菌屏障系统测试使用的样品在制造时应参考 GB/T 19633 的要求考虑最坏情况。

4）样品应按照 GB/T 19633，经过模拟预期分配环境的动态测试。

6. 确认结果的评估

根据 GB/T 19633.2 标准的要求对确认活动、确认结果进行评估，确认其是否符合标准规定的接收准则，记录任何偏离的情况，并进行评审。过程确认由适宜的人员进行评审和批准，以确定是否达到目标要求。

性能确认的结果应形成性能确认记录和/或性能确认报告。对整个性能确认过程做个总结性说明。具体案例可见本指南附录十三。

7. 预成型无菌屏障系统和无菌屏障系统过程能力的确定

确定过程能力的目的是表明过程在统计学控制下可以连续生产满足规定要求的产品。最科学的方法是计算过程能力 Cp/Cpk。

如果过程是均值无偏移时，按式（7-1）计算。

$$Cp = \frac{USL-LSL}{6\sigma} \qquad (7-1)$$

其中，σ 表示样本标准差；USL 表示规范上限；LSL 表示规范下限。

如果过程是均值有偏移时，按式（7-2）计算。

$$Cpk = \frac{CSL-X}{3\sigma} \qquad (7-2)$$

其中，CSL 表示最接近均值的规范极限；X 表示过程均值。

Cp/Cpk 值的指导原则如表 7-18 所示。

表 7-18　Cpk 值示例

状态	Cpk	Sigma 水平（σ）	过程优良率（%）	过程不良率（PPM）
—	0.33	1	68.27	317311
—	0.67	2	95.45	45500
—	1.00	3	99.73	2700
目标	1.33	4	99.99	63
更好	1.67	5	99.9999	1
最好	2.00	6+	99.9999998	0.002

如何使 Cp/Cpk 最大化，有两个基本条件：一是保持符合规范的合理的波动范围尽可能最大；二是取得最小的波动率。换言之，即在这些范围内密封的完整性应得到保证，且包装应可以承受灭菌过程和抵抗运输、分配和存储过程中的损害。鉴于这些原因，正确理解特定材料和密封设备的过程验证是至关重要的。

如果进行研究后仍然无法达到所需最小的 Cpk，应进行过程分析，查明造成超范围波动的主要原因。通常可以从材料厚度波动、温度偏差、密封表面的平整度和超出波动范围的温度控制器等方面进行检查。

在进入正式确认活动前，应为过程准备稳定的样本，可采用多批次材料，这样可以充分地代表所预期的波动。

8. PQ 过程中一些常用的工具简介

在进行无菌医疗器械包装性能确认时应确定关键过程参数，包括范围和公差，必须在所有预期的生产条件下保证产品满足规定的要求，这些关键过程参数应采用有效的统计技术来确定。可用的统计技术工具包括以下四个：

（1）FMEA（故障模式和效应分析）可见本指南附录十四；

（2）DOE（实验设计）可见本指南附录十二；

（3）热封曲线分析，可见本指南附录十五；

（4）过程能力的确定见本节第 7 部分。

9. 确认报告/再确认

（1）确认报告。

过程确认的评审和正式批准应作为确认程序的最后步骤，过程确认应得到评审和正式批准，要有记录。确认报告应总结和参考确认方案和结果，并有过程确认情况的最终结论。确认报告应包括以下七方面内容：

1）说明包装确认计划实际实施情况，以及参考技术数据背景资料的出处。

2）确认结果汇总。按照确认项目进行结果汇总统计。

3）确认文件汇总。安装、运行、性能确认记录，以及包装性能测试结果报告，必要时通过表格列出确认过程形成的所有文件的名称、编码。

4）偏差报告。对确认实施过程中遇到的偏差或异常进行调查分析，并对确认过程出现的偏差、变更处理及情况进行说明。

5）评价分析。将确认结果与可接受限度进行对照分析评价，评价不仅限于结果是否符合要求，更重要的是结果的稳定可靠性、差异等，进一步评价过程。

6）结论。根据评价结果，应做出非常明确的结论，包括每个过程和整个过程，此外总结论必须说明整个确认项目是否需要变更，若有变更是否需要进行再确认等。

7）确认的回顾。根据确认的项目不一样，制定再确认的时间。

（2）保持确认状态。

1）监视和控制。应监视过程的动向，以保证过程始终保持在规定的参数范围里。当质量特性的监视数据显示出一个相反的动向时，应调查原因，可以采取纠正措施并考虑进行再确认。

2）过程或产品的改变。应评估过程和（或）产品的改变，包括程序、设备、人员上的改变，以确定这些改变所带来的效应并考虑再确认的范围。

3）连续的控制状态。材料和（或）过程可能发生各种各样的改变，这些改变是察觉不到的，或在不重要的时间里才会考虑到的（如消毒过程）。这些改变累积起来可以影响到过程的确认状态。对于这类过程，应考虑实行定期再确认。

（3）再确认。

如果包装系统的设计、内容物、包装材料或结构发生变更，进而影响了原来的确认，并可能影响无菌屏障系统的完整性，则应对过程进行再确认，例如：

1）可能影响工艺变量的原材料变化；

2）更改或交换可能影响一个或多个已建立参数的设备的主要部件；

3）设备的改造或翻新；

4）将生产和/或设备从一个设施或地点转移到另一个地点，或在同一设施内搬迁；

5）质量或过程控制指标的负面趋势。

第二节 无菌屏障系统确认

无菌屏障系统经包装过程确认后，按产品设计选定的灭菌过程进行灭菌后（少数情况下也有先验证稳定性再进行灭菌验证的），对灭菌后的包装进行包装完整性和稳定性验证，以确定无菌屏障系统具有无菌保持功能并能够提供一定的贮存安全期，可以无菌移动，对器械有保护作用，并可以避免器械在搬运中损坏。

一、包装完整性性能验证

1. 目力检测包装密封完整性（外观检查）

无菌屏障系统密封通道缺陷的检测可参考 ASTM F1886 标准。鉴于某些材料的限制，无法有效检测小孔和细微撕裂，因此目力检测不能作为检测完整性的有效方法。在初始无菌屏障系统和/或包装系统设计时，目力检测不能单独用于对无菌屏障系统的评价，但可在无菌屏障系统和/或包装系统生产过程中单独使用。按照 YY/T 0681.11《无菌医疗器械包装试验方法 第11部分：目力检测医用包装密封完整性》进行目力检测包装密封完整性，具体试验要求如下：

（1）适用范围。目力检测适用于至少有一面透明材料组成的包装，如纸塑袋、硬吸塑包装、顶头袋、透气窗袋等，其测试方法有60%~100%的概率识别>75μm以上的通道。对于两面均为非透明材料组成的包装因其无法有效观测密封区域，一般不能选用此方法。对于在非透明材料上加了有色涂层的包装，可以剥开密封区域用本方法进行测试。

（2）试验原理。目力检测原理是利用目力检查密封部位的密封完整性，可识别很多密封边的缺陷，包括识别>75μm的通道。

（3）试验仪器。

充足的光源、放大镜、紫外灯箱。

（4）试验步骤。

1）检验员的目力应能从距离产品 30~45cm 处进行密封检验。

2）检查包装的整个密封区域的完整性和一致性。

3）识别并记录穿越整个密封宽度的通道所在的密封部位，并加以标识。

4）记录每个包装上识别出的通道数量和位置。在紫外灯箱下更易识别缺陷。

5）需规定在正常生产运行中当检出缺陷后应采取的措施。

（5）检测标准。

密封处不应该有未密封区域、非均态或欠封区、过封区、窄封、缺陷通道、褶皱/重叠/裂纹、撕裂/小孔。

（6）注意事项。

1）在对剥开式包装的通道或不完全性密封区域进行确认时，需要用手将可疑包装的两面材料完全剥开，检验密封区转移胶的特征是否与该未打开包装的不完全密封的特征属性相同。

2）涂胶转移是定性测量一个材料释放涂层的能力，并不能作为未形成密封的确凿证据。具有连续的密封完整性却不能给出完整的涂胶转移也是有可能的。

2. 尺寸检测

许多无菌屏障系统和/或包装系统规格和过程特性可采用尺寸测量方法评价。通常与医疗器械的适用性和功能相关的尺寸包括整体长度和宽度、内部长度和宽度，以及密封宽度，其他尺寸应基于产品的应用和过程性能的要求确定。ASTM F2203 标准（使用精密钢尺作线性测量的试验方法）给出了获得长度测量相关的指南。

3. 染料渗透（染色液穿透法测定透气包装的密封泄漏）

YY/T 0681-4（ASTM F1929）标准给出了细微染料溶液穿过通道缺陷的试验方法。这是验证采用目力检测的密封质量的检查结果是否可靠的通用测试方法。该测试一般不用于纤维性材料。

染料渗透试验所用的试验材料以及试验人员的培训和实践经验都可能对染料渗透测试产生影响，因此，必须谨慎地确认测试结果，通常由经过评价证明合格且专业的试验人员进行测试。若这些测试得到正确的实施，可为通道和小孔的检测提供可靠和灵敏的信息。具体试验要求见附录十六。

4. 真空泄漏试验

按照 GB/T 15171《软包装件密封性能试验方法》和 ASTM D3078-02《柔性包装气泡法泄漏试验方法》进行软包装件密封性能试验，即真空泄漏试验，具体试验方法见附录十七。

5. 内压法检测粗大泄漏（气泡法）

按照 YY/T 0681.5《无菌医疗器械包装试验方法　第 5 部分内压法检测粗大泄漏（气泡法）》和 ASTM F2096《通过内部加压（气泡测试）检测包装中的总体泄漏的标准测试方法》进行内压法检测粗大泄漏的试验，也称气泡法，具体试验方法见本指南附录十八。

6. 完整的包装（无菌屏障系统）微生物挑战测试

把无菌屏障系统置于容器内接受已知浓度的微生物的喷雾剂，当无菌屏障系统的外侧被污染后，无菌打开，对内装物进行无菌检测。这是物理完整性测试的替代方法，但这种方法并非特别可靠，技术上也难操作。通常在评价弯曲路径闭合无菌屏障系统的完整性时，因没有其他可广泛接受的测试方法时可以使用这种方法。

7. 包装密封强度性能验证

初包装（无菌屏障系统）密封强度的表示方法是分离包装两个侧面所需要的力。可剥离的预成型无菌屏障系统的密封强度由材料制造过程决定。预期的密封强度范围最好由医疗器械制造商确定，这对于无菌屏障系统的材料供应商来说是非常重要的。

在许多情况下密封强度可作为衡量过程是否受控的手段。不同材料之间的可密封性应得到评价，可以在实验室中采用一系列的极限条件对密封强度和质量进行测试，通过剥离强度的测试并评审，确定测试结果是否能达到无菌屏障系统和/或包装系统所需的密封强度。这种方法常用于筛选材料进行组合的典型过程，也可以用于评价灭菌前和灭菌后的初包装产品质量。此外，密封强度也可用于评价监测制造过程是否受控状态。

无菌屏障系统的成型和无菌状态的保持均依赖密封性。由于包装材料可以在不同条件下密封，因此，包装材料的密封特性包括：密封宽度大小、密封窗口、密封强度、密封迹象（如可剥离）、材料对温度敏感性等。由于温度传感器位置的不同，密封的模具形式以及其他因素，每台设备的密封条件都可能不同，因此，用于筛选材料组合的典型过程时，应使用实验室设备进行密封过程的评价。

YY/T 0681.2（ASTM F88/F88M）《无菌医疗器械包装试验方法　第2部分：软性屏障材料的密封强度》标准定义了密封强度的测试方法。测试的设备以特定的分离速度将预先切好的密封材料两侧拉开，测量分离距离和过程中的张力。通常在包装周边选取几点进行测试。YY/T 0681.2（ASTM F88）标准提供了相关技术差异影响的信息。YY/T 0698.5（EN868-5）《最终灭菌医疗器械包装材料　第5部分：透气材料与塑料膜组成的可密封组合袋和卷材要求和试验方法》附录C提供了关于密封强度特性的指南。

抗爆测试是向包装内部加压并关注压力对包装密封的影响，即"无约束包装抗内压破坏"，也可称之为抗涨破试验。这项试验可以观察密封衰变达到包装失效的时间（渐变至爆破）。最终抗爆强度采用YY/T 0681.3（ASTM F1140）和YY/T 0681.9（ASTM F2054）标准的测试方法。无菌医疗器械屏障采用ASTM F2054方法测试比采用ASTM F1140方法测试具有更大的挑战性。两种方法的结果没有关联性，特别是在OQ阶段优选使用该方法，当被作为过程控制工具时，必须在验证时同时进行密封强度的测试。

包装强度性能可以对无菌医疗器械包装进行软性屏障材料密封强度试验、抗涨破试验，具体验证方法见本指南附录十九。

8. 摩擦系数

当在金属表面、其他底面或同种材料表面移动时，摩擦可能影响包装材料的处理过程。如堆放或自动装卸操作时，材料可能由于过高的摩擦而无法放置。确定材料的静态和动态摩擦系统可以提高无菌屏障系统和/或包装系统处理的可靠性。更多指南参见ASTM D1894《塑料薄膜及薄板的静态和动态摩擦系数的测试方法》。

二、稳定性验证

1. 总体要求

因无菌保证水平的降低与事件相关，与时间无关，因此必须将包装系统性能测试从无菌屏障系统稳定性测试中分离，作为独立的实体和步骤实施。若综合这些测试，不但导致用户信息错位，而且在进行样品测试的过程中可能导致比正常的储存和分配流程中的样品受到远大于实际情况的环境影响。

稳定性测试和包装系统性能测试不应结合进行的主要原因是：GB/T 19633.1标准把无菌失

效作为质量事故，而与时间不相关。在无菌医疗器械产品的装卸、储存和配送环节中发生这样的事件，通常属于物理性的破坏，这种质量事故和时间无关。

稳定性测试和包装系统性能测试结合进行时，若包装系统出现问题很难确定失效原因是包装老化（时间）或包装性能设计导致的，抑或是实验过程中出现的其他因素造成的。

老化试验是以非常苛刻的条件进行测试，强调在正态分布环境中看不到的部分，如连续延长无菌屏障系统的样本暴露的时间周期和提高加速老化的温度（>55℃），在这个过程中保护性包装的性能显著削弱。如果老化包装系统或无菌屏障系统的性能在测试中出现不合格，要及时找出并确定导致不合格的原因。

大部分无菌医疗器械包装系统的整体性验证可按以下简化程序进行（见图7-1）（根据器械实际的运输、销售和使用环境，有一部分器械是要先做模拟运输后做老化试验的，这种情况比较少）。

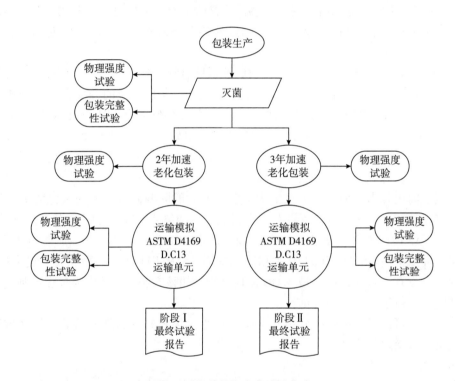

图7-1　包装货架寿命试验方案

注：实际时间老化包装试验与加速老化包装试验相同。

2. 无菌有效期的验证

ISO 11607 标准指出无菌屏障系统的完整性可用来证实无菌水平的保持性。因此，稳定性测试的重要内容是无菌屏障的完整性。GB/T 19633、YY/T 0698 等标准并未给出明确的或推荐性的无菌屏障系统完整性的生物学验证方法。目前国内会引用《中国药典》中的无菌检测法进行最终灭菌包装无菌完整性的验证，但是要达到一定的安全性则要使用大量的样本去完成测试（具有统计学意义），否则使用这个方法验证是错误的。事实上这个方法是灭菌结果过程确认的一种方法，而非包装完整性的验证方法。

当然，最好是采用标准化的评价无菌屏障系统完整性的试验方法，这样可以通过材料的微生物屏障特性和密封/闭合的完整性确定最终灭菌包装系统的无菌保持特性。在包装完整性没有适用的评价试验方法时，无菌检测法也可以用于最终灭菌包装无菌有效期的验证，但这种方法只能用于实际时间的无菌有效期的验证，取样量也很难具有统计学意义。

无菌有效期的验证至少要形成完整的试验报告。试验报告由医疗器械制造商出具，应至少包括以下六方面内容：

（1）老化试验的形式（加速老化还是实时老化）；

（2）实际试验所采用的试验程序；

（3）在各试验阶段对无菌屏障系统的测试结果；

（4）运输试验的程序；

（5）试验结束后的产品检验结果；

（6）产品有效期的确定和结论。

3. 实时老化试验

稳定性测试应使用实时老化的方式进行评估。实际老化试验为确保无菌屏障系统包装材料和包装完整性不随时间而降解提供了最佳数据，是产品研发阶段必须进行的研究，但由于产品更新换代较快，加速老化试验为实现缩短研发时间，加快注册资料提交，使新产品在短期内投放市场提供了可能，但加速老化的稳定性数据最终应符合实时老化的结果。为确保加速老化试验真实反映实际老化的结果，实际老化的研究必须与加速老化同步进行，实际老化的时间必须进行至产品标称的货架寿命。当制备无菌屏障系统样本进行稳定性测试时，实时老化的样本量要加倍地制备，即要准备相同的样本，进行装配、灭菌并放置到实时的失效期后再进行评价。实际老化试验按照 GB/T 19633.1 和产品留样观察一并进行。

如果实时老化结果满足可接受准则，产品的货架寿命即被确认。如果实时老化结果不满足可接受准则，货架寿命必须减少到实时老化试验所获得的最长货架寿命。如果产品已经根据加速老化数据投入市场，则必须重新进行评审，并采取相应的措施。评审应形成文件和记录。

（1）实际时间老化试验应与加速老化试验同时进行。

（2）实际时间老化试验各阶段的检验项目与加速老化试验相同。

（3）当实际时间老化试验结果和加速老化试验结果不一致时，应按实际时间老化试验结果调整产品的有效期。

（4）加速老化试验是在加温加湿条件下进行的，对于湿度敏感的材料要进行湿度控制。这些条件对包装本身具有一定的挑战，会在加速老化后发生材料断裂、封口张开等情况，此时需要与实时老化的数据进行比较，再确定产品的有效期限。

（5）加速老化试验研究所得到的数据是基于对材料老化效果的模拟。在无菌屏障系统实时老化研究完成之前只是暂时的。但采用加速老化方案的稳定性试验，在实际老化数据出具之前应被视为标称有效期的充分证据。

（6）为了确保加速老化研究能真实地代表实时老化效应，加速老化应与实时老化研究同步进行（且实时老化的开展不超过加速老化开展的 3 个月）。实时老化研究应进行至产品标称的货架寿命，并直至完成。

4. 加速老化试验

ASTM F1980 和 YY/T 0681.1《无菌医疗器械包装试验方法 第 1 部分：加速老化试验指南》标准提供了选择加速老化条件的指导意见。

加速老化试验是通过将产品/包装系统放在受控的高温环境（受控的存储环境）下，模拟等效时间对包装的影响。等效时间通常以假设包装材料按照阿列纽斯方程来估算。更多相关内容参见 ASTM F1980、YY/T 0681.1 标准。

在应用标准时要关注化学反应是否符合阿列纽斯方程、特性指标是否符合阿列纽斯方程、加速老化试验方法是否合适等问题。

由于无菌医疗器械储存环境是动态的，在产品上市和销售前进行实时老化试验非常重要。采用加速老化测试无菌屏障系统或包装系统货架寿命，是作为对新产品的有效评价方法，但前提是可以用加速老化试验证实实时老化试验的测试结果。通常要进行一系列的测试，检测包装完整性、开启特性（如果需要）、包装材料本身的通用属性等。

为进一步了解灭菌过程对包装系统的影响，在开始进行无菌屏障系统材料和密封老化过程之前记录灭菌前和灭菌后的属性值是非常重要的。老化研究可以采用没有内装物的无菌屏障系统进行（参见 GB/T 19633.1），只要将其暴露在预期最大灭菌参数的批次中就可以。加速老化试验之后，应测试材料属性受时间的影响，需要强调的是，无菌有效期的确认同温度/湿度环境影响测试和老化测试是完全不同的，应依据产品的分配、使用条件选择温度和相对湿度，并由医疗器械制造商对包装材料和/或系统做最终决定，以保证无菌医疗器械的功效。

上述讨论的目的是通过测试无菌屏障系统和/或包装系统随着时间变化的性能，为选择无菌包装系统或包装材料提供指导。无菌有效期不仅是包装系统随着时间变化的性能，更重要的是事件效应，包装破损是事件效应而不是时间效应，这就是所谓无菌功能的丧失遵循"时间无关，事件相关"的原则。

（1）加速老化方案。加速老化方案包含以下 10 个：

1）选择加速老化因子值；

2）确定无菌屏障系统货架寿命；

3）确定老化试验的时间间隔，包括零时刻；

4）确定试验条件，环境温度和加速老化温度；

5）决定老化研究中是否采用湿度条件；

6）计算试验持续时间；

7）定义无菌屏障系统的材料特性、密封强度和密封完整性试验、样本量和接受准则；

8）在加速老化温度下对样本进行加速老化，并同步进行实时老化试验；

9）评价加速老化后无菌屏障系统与最初无菌屏障系统要求相应的性能；

10）对实时老化后无菌屏障系统是否满足其最初设计要求进行评价。

（2）加速老化温度的确定。加速老化温度是一个对材料和无菌屏障系统挑战的极端条件，在现实情况下可能不存在这样的条件，因此，这只是失效模式的假设，应在产品使用过程中调查所采用的老化温度和实际所需要的验收准则之间的差距，观察相关的趋势变化，可能会出现随着时间的推移影响到无菌屏障系统的完整性。在加速老化试验中，所选取的温度水平应保证不达到改变材料物理特性的临界点。材料表征和组成是建立加速老化温度限值的因素，温度选择宜避免材料发生任何物理转变。应谨慎选择温度，确保所选的温度不会造成材料转移或无菌屏障系统和/或包装系统变形，或非线性变化如结晶化、产生自由基和过氧化物降解。同时还要选择能代表实际产品贮存和使用条件的温度或环境温度。加速老化温度宜低于无菌屏障系统材料的形变温度。

（3）老化因子的确定。通常，采用阿列纽斯方程来确定高温对相同材质的自由基反应率的影响。简言之，由此方程演化的 $Q_{10} = 2$ 的计算方法假定温度每升高 10℃，材料老化过程约为 2 倍。例如，55℃ 45 天等同于 25℃ 一年。虽然 $Q_{10} = 1.8 \sim 2.2$，但一般情况下采用 $Q_{10} = 2$ 是比较常见的。

（4）加速老化时间的确定。一定要同时开始进行实际老化和加速老化。在相应的时间段内采用规定的加速老化温度。样品在升高的温度箱内放置的时间可用以下公式来计算，式中 AAF 是加速老化因子，AAT 是加速老化时间。

例如，$Q_{10}=2$，环境温度=23℃，试验温度=55℃，则：

$AAF = 2.0^{(55-23)/10} = 2.0^{3.2} = 9.19$

$AAT = 365$ 天$/9.19 = 39.7$ 天 $= 12$ 个月（等效的实际时间）

注1：环境温度指的是加速老化试验零时刻温度。加速老化零时刻温度就是实时老化的环境温度。只有这两个温度一致，加速老化的结果才能表征实时老化的结果。一般情况下室温是在 20℃~25℃，但这不是绝对的，要考虑实时老化试验样品所处的环境温度。在一些低纬度地区，样品在没有空调的环境下保存，环境的年平均温度可能会高于25℃。如果按25℃计算，加速老化试验汇报缩短，其结果可能不被认可；反之，加速老化的条件要严格于实际老化的条件，结果是可以接受的。

注2：湿度的影响可能需要与温度一起考虑，这要将高湿期和低湿期结合到试验周期中。可以将老化周期设计成考虑湿度的影响。

示例一：

某医疗无菌包装加速试验如表7-19所示。

表7-19　某医疗无菌包装加速试验

加速模型			
加速老化时间=$\dfrac{\text{期望寿命}}{\text{加速因子}^{[(\text{试验温度}-\text{室温})/10]}}$			
期望寿命	24	月	包装有效期
室温	25	℃	通常在20℃~25℃，采用25℃会相对保守一些
试验温度	55	℃	不推荐超过60C°，常见温度为50℃、55℃、60℃
加速因子	2	—	通常在1.8~2.5，2.0采用最多
试验时间	93	天	

示例二：

某医疗器械产品的预期有效期 Y 为 5 年，则加速老化的 RT_Y 选取 5 年和 4 年两个点进行试验；Q_{10} 取保守值2，T_{AA} 选择60℃，T_{RT} 取室温25℃，计算加速老化时间 AAT；将已知数据代入公式中，得 $AAF = Q_{10}^{[(T_{AA}-T_{RT})/10]} = 2^{[(60-25)/10]} = 11.3$；老化4年：$AAT = RT_Y/AAF = (365 \times 4)/11.3 = 130$；老化5年：$AAT = RT_Y/AAF = (365 \times 5)/11.3 = 162$。

（5）环境挑战试验。进行环境挑战试验的目的是评估无菌屏障系统和/或包装系统在包装生命周期内可能遇到的极限条件下的性能，导致材料接近或超过其失效点。无菌屏障系统受环境因素影响的挑战测试，应模拟产品运输在不同气候条件下可能遇到的各种热/冷交替。用于模拟包装材料可能遇到季节性的变化，应关注变化的速率。环境挑战宜在老化后模拟运输前进行。

（6）湿度的确定。相对湿度会对加速老化产生影响。相对湿度是指空气中所含水分相对于空气在该温度下饱和状态时所含的水分。由于在加速老化研究时保持和实时老化环境相同的相对湿度具有一定的风险，这就等于采用了比实时老化中更高的湿度。另外，不同材料对温度和湿度具有不同的敏感度，例如，纸对相对湿度特别敏感；过度的干燥对纸的强度产生不利影响；过高的湿度又会导致纸的伸长、包装变形。在进行加速老化试验时，通常是通过设置恒温恒湿箱的相对湿度来控制空气含水量的。ASTM F1980 给出了温度、相对湿度和含水量的函数图，可根据贮存环境温度条件下的相对湿度从图中查出加速老化试验温度条件下的相对湿度。最新国际标准关于湿度的选择有新的变化。按目前行业标准有关湿度的选择，参见本指南附录二十。

（7）加速老化试验的程序。

1）确定期望的货架寿命对应的老化时间点。

通常采用趋势分析来表征老化对材料和包装特性的影响。老化时间点的数量至少设一个，但必须有与期望的货架寿命相对应的时间点（期望的货架寿命除以老化因子）。若只用一个时间点则可能存在这样的风险，即不能从前面的加速老化时间点得出预警而导致试验失败。为此，趋势分析宜考虑至少三个时间点（见表7-20）。

表 7-20　老化方案时间点的选择参考

初始状态	灭菌后零时刻样品	第一年	第二年	第三年	第四年	第五年	第六年
	△ ☆	☆	☆	☆	☆	☆	√ △ ☆
	△ ☆	☆	☆	☆	☆	☆	√ △ ☆
	△ ☆	☆	☆	☆	☆	☆	√ △ ☆
	△ ☆	☆	☆	☆	☆	☆	√ △ ☆
	△ ☆	☆	☆	☆	☆	☆	√ △ ☆

注：√表示性能鉴定只做第六年后的样本。△表示性能鉴定只做第一年和第六年后的样本，这样可以得到退行值。☆表示性能鉴定每一年都做，这样可以得到退化曲线。实际老化报告一般只能接受☆的情况。

2）按确认的生产过程准备试验样品。

用于零时刻、灭菌、实时和加速老化的包装，可以是未包装产品的包装，但用于稳定性验证的样品要使用包含产品的包装，如果产品很贵重也可以是模拟产品。

3）用确认的灭菌过程对包装灭菌。

灭菌过程可能影响材料或包装的稳定性。在实施老化研究前，选择的材料和包装宜经受最大的灭菌过程条件或预期使用的循环次数。

4）样本量的计算。

不同独立事件所需要的样本量适用乘法原则。举例说明：

①老化试验数 $n_1 = 2$；

②需要做的性能鉴定试验个数 $n_2 = 4$；

③性能鉴定一次试验统计学需要的样本量（不同性能鉴定一次试验所需要的样本量可能不同，不同时 B 和 C 要合并，每个试验单独计算） $n_3 = 3$；

④时间节点数 $n_4 = 7$；

⑤稳定性试验个数 $n_5 = 6$；

⑥稳定性试验一次试验统计学需要的样本量（不同鉴定项目一次试验所需要的样本量可能不同，不同时 B 和 C 要合并，每个试验单独计算） $n_6 = 3$。

总共需要的样本数量 $N = n_1 \times n_2 \times n_3 \times n_4 \times n_5 \times n_6$。

5）样品进行状态调节。

如果需要按 GB/T 4857.2 标准对样品进行状态调节时，可按 D4169 规范给出的要求进行模拟运输，试验中的包装内装物必须是实际的产品。

确定运输、贮存对包装性能影响的试验，应包括在老化试验方案之中。老化前或老化后是否进行性能试验，取决于该研究是否要模拟医疗机构或医疗器械制造商货架贮存和随后的运输过程。要确定已知初包装合格的接受准则或已知初包装性能极限（如密封强度、穿透性、抗冲击性等）对所包装的产品有文件证明是适宜的，并满足预期要求，应有足够的物理实验数据证实。

6）实施加速老化试验。

在相应的时间段内采用规定的温度进行加速老化。加速老化周期的设计要考虑湿度的影响，要把高湿度期和低湿度期结合到试验周期中。

7）老化试验后评价包装性能的要求。

加速老化后要评价包装性能，如果加速老化结果满足可接受准则，那么这只是产品的货架寿命被有条件确认，最终的结果还应取决于实时老化研究的结果。

如果加速老化结果不满足可接受准则，要调查生产过程或重新设计器械的包装；或尝试确认较短的货架寿命；或等待实时老化结果。如果实时老化结果可以接受，那么货架寿命被确认。出现这种情况的原因可能是加速老化程序比实时老化过严所致。

关于实时老化温度选择和加速老化持续时间的换算关系可参见 ASTM F1980、YY/T 0681.1标准。

（8）加速老化试验设备。

1）老化试验房间/老化试验箱：使产品独立地暴露于选定的温度和相对湿度的循环空气中；

2）控制仪器：能使房间（箱）在极限偏差内保持所需大气条件；

3）湿度计：用于指示相对湿度的设备，其相对湿度精度宜为+2%；

4）温度计：可使用任何精度为 0.1℃的能记录和显示温度的测量装置。

（9）加速老化报告。加速老化试验报告由医疗器械制造商出具，应至少包括以下五方面内容：

1）试验前制定的书面试验方案，规定加速老化条件、时间框架、样本大小、无菌屏障系统描述、抽样时间间隔、各时间间隔内所规定的试验；

2）所用的老化试验箱的温度和相对湿度，以及经校准的、用于测量和监视老化条件的仪器；

3）评价无菌屏障系统所用的试验方法标准；

4）物理和微生物试验所用设备清单，包括校准日期；

5）老化后试验结果，包括用于确定无菌屏障系统是否满足性能规范准则的统计学方法。

（10）老化后试验指南。

1）对经受老化（如加速老化和实时老化）后的无菌屏障系统评价其物理特性和完整性。

2）选择用于性能评价的试验宜能对材料或包装的最关键功能或最易因老化而失败的功能进行挑战。

3）宜对经受老化的不含器械的无菌屏障系统各组成材料及所有密封或闭合进行评价，评价其强度特性和维持完整性能力的各种降低情况。

4）如果包装系统已有形成文件的并满足预期包装系统要求，所规定的物理试验数据宜完整。

5）如果包装性能试验在老化后的包装系统上进行，所有老化样品应包含器械或模拟器械和构成包装系统的所有包装材料。

6）在所有老化试验前建立接受准则。可以使用几种不同的评价方法。一种是用零时刻性能数据与货架寿命试验终点最终性能数据对比；另一种是分析所有评价时段的数据走势；还有一种是只使用最后时段的试验结果。

5. 模拟运输实验

模拟运输实验最根本的目的是验证产品保护性包装设计是否安全有效，模拟运输实验要尽可能地模拟产品实际流通环节中要面对的一些潜在的破坏性因素，这些破坏性因素主要包括由野蛮装卸和流通运输过程中所产生的冲击和振动，以及长时间的静态压力。

当然，最好的模拟运输实验是用真实的产品以最小保护性集合包装（通常是瓦楞纸箱）进行一个完整的流通过程，即真实运输实验。但现实中基于各种客观条件所限，往往无法进行真实的运输实验。为此，相关机构基于不同的要求设计了不同的模拟运输实验环境，以及相关的实验标准。模拟运输实验标准应能最大限度地模拟真实运输流通环节。在参考或引用模拟运输实验标准时要基于"最差状态"的实验原则。可以只做最差情况下的运输实验。若是通过了，则可以推导证明比此情况好的外包装系统都可以同样通过这个运输实验，从而减少实验次数，降低实验成本和缩短项目周期。但对于一个全新的项目在开发前期还是有必要进行一次完整的外包装系统运输实验，以验证外包装系统是否能够在最差的流通仓储环境下对内包装系统或产品自身提供充分且必要的保护。常见的模拟运输实验参考标准如下：

（1）国家标准 GB/T 4857。GB/T 4857 是关于运输包装试验的指导性系列标准，由几十个分标准组成，目前这些标准基本上等同于 ISO 标准，被广泛用来验证最终模拟运输实验，其主要内容有以下 18 种：

1）包装运输包装件试验时各部位的标示；

2）温湿度调节处理；

3）静载荷堆码试验；

4）采用压力试验机进行的抗压和堆码试验；

5）跌落试验；

6）滚动试验；

7）正弦定频振动试验；

8）六角滚筒试验；

9）喷淋试验；

10）正弦变频振动试验；

11）水平冲击试验；

12）浸水试验；

13）低气压试验；

14）倾翻试验；

15）可控水平冲击试验；

16）采用压力试验机的堆码试验；

17）随机振动试验；

18）编制性能试验大纲。

（2）美国材料与试验协会标准 ASTM D4169。关于运输测试部分的标准主要有 ASTM D4169。该标准具有较强的可操作性。一般情况下可以按标准中用于无菌医疗器械包装系统试验的"流通周期 13（DC13）的试验要求"作为无菌医疗器械包装系统的试验要求。ASTM D4169 标准是目前国际上公认的评价包装运输性能相对完善的试验体系。ASTM D4169 标准根据运输货物所采用的不同运输形式，规定了 18 种不同的流通周期（以下简称 DC）。推荐无菌医疗器械的包装运输试验按以下程序依次进行。顺序号 1、2、3、4、5、6、7，进程 A、C、F、I、E、J、A，试验项目：人工搬运、运载堆码、无约束振动、低气压、运载振动、集中冲击、人工搬运（低气压、集中冲击是选做项目，如果预期不经历这样的过程可以不做）。这个试验进程等同于 ASTM D4169 的 DC13，代表了无菌医疗器械包装在各种流通过程中最严苛的挑战。YY/T 0681.15 给出了无菌医疗器械运输包装试验方法。对于特殊流通周期的无菌医疗器械，也可以选择 ASTM D4169 标准中其他的流通周期试验要求。若经过和客户论证也可选择其他流通周期。

在进行运输试验之前，包装系统根据 ASTM D4332-01 标准进行了 7 天的环境挑战，如表 7-21 所示（环境条件依据 ASTM D4169、ISO 2233、ISTA 2A 标准，体现全球运输的极限情况）。

表 7-21 包装系统环境挑战示例

预期环境	温度（℃）	相对湿度（%）	保持时间（小时）
实验室环境			6
结冰或冬季环境	−35±2	—	72
实验室环境			6
热带气候（潮湿）	38±2	85±5	72
沙漠气候（干燥）	60±2	30±5	6

环境挑战后，按照 ASTM D4169-09 标准进行运输试验（根据运输实际发生的情况不同，也有把环境挑战安排在模拟运输试验中进行的可能），相关的试验要求如表 7-22 所示，本试验一般遵循了 ASTM D4169-09 运输循环 13（DC-13）安全水平 Ⅱ。目前 ASTM D4169-09 标准是全球性运输试验所采用的不同运输方式的试验水平选择和环境挑战的依据。这个试验和 YY/T 0681.16《无菌医疗器械包装试验方法 第 16 部分：包装系统气候应变能力试验》（转化自 ASTM F2825-10《单一供货包装系统的气候应变标准规范》）不同。后者是"预试验"或初包装的独立试验。

表 7-22 运输试验顺序标准

顺序	试验进度	试验方法/标准
1	调节 *	ASTM D4169、ASTM D4332
2	A：人工搬运—第一次	ASTM D4169、ASTM D5276/ISTA 2A [2]
3	C：运输堆码	ASTM D4169、ASTM D642
4	F：松散载荷震动	ASTM D4169、ASTM D999 Method A1
5	E：运输震动—卡车和空运	ASTM D4169、ASTM D4728 Method A
6	A：人工搬运—第二次	ASTM D4169、ASTM D5276/ISTA 2A *

注：* 表示"环境挑战"试验安排在第 1 步，一般是考虑到了验证过程中的最坏情况，如考虑和实际发生的运输过程最符合的情况，"调节"应安排在第 5 步和第 6 步之间进行，这种试验顺序也是经常出现的。ISTA 跌落试验的高度与 ASTM 的跌落试验顺序一起使用。

（3）YY/T 0681.15《无菌医疗器械包装试验方法 第 15 部分：运输容器和系统的性能试验》。运输试验通常采用实际运输和模拟运输两种方式。模拟运输实验通过获取产品实际的物流环境条件，然后选择合适的测试项目和严酷等级开展测试，可优化产品包装，避免包装对产品造成的损坏，也避免了因过度包装而造成的浪费。而医疗器械包装材料在货架寿命内是否可以承受运输环境的危害，以保持对内装药品和器械的保护能力也是亟待研究的问题。GB/T 19633.1 将运输试验列入包装系统的性能试验中，并指出包装系统应通过处理、分配和储存的危险，为所有无菌屏障系统和无菌内容物提供了足够的保护。国家食品药品监督管理总局医疗器械技术审评中心在《无源植入性医疗器械货架有效期注册申报资料指导原则（2017 年修订版）》中明确规定加速稳定性试验和实时稳定性试验设定包装强度检测/评价项目时需进行模拟运输试验。按照 YY/T 0681.15《无菌医疗器械包装试验方法　第 15 部分：运输容器和系统的性能试验》进行模拟运输试验。具体试验要求见附录二十。

（4）国际安全运输协会标准 ISTA。ISTA 的全称为 International Safe Transit Association，中文翻译为国际安全运输协会，中国也是该协会成员国之一。目前，ISTA 组织制定的模拟运输系列试验标准，在全球各个主流经济体中被广泛采用。在全球宣传推广其测试标准，并提供相关的实验室认证和技术工程师认证等服务。

最新的 ISTA 模拟运输试验标准共有七个系列，每个子系列标准下边又有数量不等的几个具体实验方案，所以 ISTA 共有几十个不同的实验方案来应对各类不同的产品外包装系统运输试验，可以全面覆盖各类运输模拟环境。其中 1、2、3 系列为通用标准，分类清晰、要求明确、操作性强。

因无菌医疗器械包装系统比较简单，一般参考 ISTA 中的 1、2、3 三个系列。其中 1 系列为简单的跌落和振动模拟，2 和 3 系列增加了模拟环境挑战，模拟振动较为复杂，而 3 系列模拟的环境比 2 系列更为苛刻。为此，ISTA 2 和 3 系列是目前常用的模拟运输试验方案。

ISTA 3A 模拟运输试验程序示例：首先将待测试的包装进行称重和标识，然后进行温湿度预处理。预处理分为两种：一种是在测试场所环境条件下的常温预处理（大于 12 小时）；另一种是在受控环境调节柜里进行温湿度预处理（72 小时以上）。完成预处理后的包装件再按以下步骤进行试验：

1）第一次冲击试验，一般为自由跌落试验（常用跌落试验机）；

2）堆垛性试验（常用抗压测试仪器）；

3）固定频率振动试验（常用固定频率振动仪器）；

4）低气压试验（需要低气压环境）；

5）卡车模式随机振动试验（常用液压式随机振动仪器）；

6）集中冲击试验（常用摆锤形仪器）；

7）第二次冲击试验，一般为自由跌落试验（常用跌落试验机）。

测试结束后，查看包装外观是否有破损，然后开箱检查，经过完整的试验流程后，查看包装内产品的情况，即是否存在堆码混乱、产品破损等问题，最后对各个相应部分进行拍照取证，编写试验报告。经审批后将报告反馈委托方。整个试验流程结束。

从上述分析可以看出，该试验模拟了真实的产品流通运输环节。通过该程序试验的产品在很大程度上降低了实际运输中的破损风险。

三、其他验证项目

（1）材料的微生物阻隔性能等材料性能的验证宜在材料采购阶段完成。

（2）生物负载（初始污染菌）和微粒检验可参见有关章节。

（3）无菌状态的保持性可以用包装的完整性来证实。

无菌即指产品上无存活的微生物。对灭菌后产品的无菌性以总体中的非无菌存在的概率来表述，通常用无菌保证水平（简称 SAL）表示。鉴于无菌试验的局限性以及无菌操作的烦琐和技术条件，可能存在假阳性和假阴性的情况，对无菌试验的结果评价和解释需要谨慎评估。

主要参照《中国药典》和 ISO 11737-2《医疗器械灭菌微生物学方法 第 2 部分 确认灭菌过程》进行无菌检查试验。具体试验要求见本指南附录八。

四、无菌屏障系统再确认

如果对设计、结构、包装材料或供应商进行了更改，从而影响原始验证，并可能影响无菌屏障系统的完整性，则包装系统应进行重新验证。以下列举了可能影响已验证的包装系统状态的更改：

（1）更换新的包装材料；

（2）可能对材料性能或稳定性产生负面影响的原材料变化；

（3）灭菌过程的变化；

（4）不同的运输配置或分销方式；

（5）关于无菌屏障系统完整性问题的市场反馈。

附录一 初包装常用方法标准及其状态

属性/特性	表征特性	参考标准	标题	试验方法中说明精确度和/或偏差、重复性和再现性	试验方法中仅说明精确度和/或偏差	指南/标准规程
加速老化	稳定性试验（有效期确认）	YY/T 0681.1	无菌医疗器械包装试验方法　第1部分：加速老化试验指南	NA	NA	是
状态调节	测试前试样准备	GB/T 10739	纸浆、纸和纸板试样处理和试验的标准大气条件	NA	NA	是
		JIS P-8111	纸、纸板和纸浆：调节和测试用标准气压	NA	NA	是
外观检查	尺寸	ASTM F2203	用精密钢尺进行线性测量的试验方法	是	—	NA
	厚度/密度	GB/T 451.3	纸和纸板厚度的测定	是	—	NA
		ASTM F2251	柔性包装材料厚度测量的标准试验方法	是	—	NA
	基本重量（单位面积的克重）	GB/T 451.2	纸和纸板定量的测定	否	否	NA
		JIS P-8124	纸张和纸板克重测定	否	否	NA
		ASTM 4321	塑料薄膜包装成品率的标准试验方法	是	—	NA
		ASTM 3776	纺织品单位面积（重量）质量的标准试验方法	是	—	NA
		TAPPI T410	纸张和纸板克重（单位面积重量）	是	—	NA
	涂层重量（上胶量）	YY/T 0681.8	无菌医疗器械包装试验方法　第8部分：涂层重量的测定	NA	NA	是
生物相容性	安全性能总则	GB/T 16886.1	医疗器械生物学评价　第1部分：风险管理过程中的评价与试验	NA	NA	是
		T/CAMDI 033 ASTM F2475	医疗器械包装材料的生物学评价指南	NA	NA	是
	洁净度（目视纸张清洁水平）	TAPPI T437	纸张和纸板尘埃度的测定	是	—	NA
		TAPPI T564	缺陷尺寸估算的透明图表	否	否	NA
		JIS P-8145	纸张和纸板杂质估算	否	是	NA
	微粒测试	T/CAMDI 009.1	无菌医疗器械初包装洁净度　第1部分：微粒污染试验方法气体吹脱法			

续表

属性/特性	表征特性	参考标准	标题	试验方法中说明精确度和/或偏差、重复性和再现性	试验方法中仅说明精确度和/或偏差	指南/标准规程
生物相容性	微粒测试	T/CAMDI 009.2	无菌医疗器械初包装洁净度 第2部分：微粒污染试验方法液体洗脱法			
		T/CAMDI 009.10	无菌医疗器械初包装洁净度 第10部分：污染限量			
	初始污染菌	T/CAMDI 009.3	无菌医疗器械初包装洁净度 第3部分：微生物总数估计试验方法			
灭菌适应性	试验方法	YY/T 0698.5	最终灭菌医疗器械的包装材料 第5部分：纸与塑料膜组合的热封和自封袋和卷材要求和试验方法附录A耐预期灭菌过程测定方法	否	—	NA
微生物屏障（生物学方法）	阻菌性	YY/T 0681.10	无菌医疗器械包装试验方法 第10部分：透气包装材料微生物屏障分等试验	是	—	NA
		YY/T 0681.14	无菌医疗器械包装试验方法 第14部分：透气包装材料湿性和干性微生物屏障试验	是	—	NA
		ASTM F2101	使用金黄葡萄球菌生物悬浮粒评估医用面罩材料的细菌过滤效率（BFE）用标准试验方法	—	是	NA
		SS 876 0019	医疗保健纺织品—细菌渗透—湿态	否	否	NA
		YY/T 0681.17	无菌医疗器械包装试验方法 第17部分：透气包装材料气溶胶过滤法微生物屏障试验	是	—	NA
	薄膜针孔	YY/T 0698.5	最终灭菌医疗器械的包装材料 第5部分：纸与塑料膜组合的热封和自封袋和卷材 要求和试验方法附录C：染料渗透测试方法测试薄膜针孔	否	否	NA
	疏水性	YY/T 0698.2 YY/T 0698.3 YY/T 0698.6 YY/T 0698.7	最终灭菌医疗器械包装材料 第2、3、6、7部分：灭菌包裹材料要求和试验方法附录A	否		NA
	孔径	YY/T 0698.2 YY/T 0698.3 YY/T 0698.6 YY/T 0698.7	最终灭菌医疗器械包装材料 第2、3、6、7部分附录B：孔径测定方法	否	否	NA
	阻水性	GB/T 4744 ISO 811	纺织品防水性能的检测和评价 静水压法	否	否	NA
		EDANA 170-1	Wet barrier—Mason Jar 湿屏障性能—梅森瓶法	否	否	NA
		GB/T 1540	纸和纸板吸水性的测定可勃法	是	—	NA
		AATCC-127	抗水性：静压试验法	否	否	NA
		TAPPI T441	定尺寸（非吸水性）纸、纸板和瓦楞纸板吸水性	是	—	NA

续表

属性/特性	表征特性	参考标准	标题	试验方法中说明精确度和/或偏差、重复性和再现性	试验方法中仅说明精确度和/或偏差	指南/标准规程
稳定性	模拟运输试验	YY/T 0698.15	无菌医疗器械包装试验方法　第15部分：运输容器和系统的性能试验	NA	NA	是
		ASTM D4332	试验用容器、包装或包装组件状态调节规程	NA	NA	是
		GB/T 4857.2	包装运输包装件基本试验　第2部分：温湿度调节处理	NA	NA	是
		ISTA 3A&3B	国际安全运输协会装运前试验程序	NA	NA	是
		ISTA 4A&4B	指定流通环境下的包装测试	NA	NA	是
		ISTA 7D	包裹运输体系下的温控运输包装件的测试	NA	NA	是
		GB/T 4857.17	包装运输包装件基本试验　第17部分：编制性能试验大纲的通用规则	NA	NA	是
		ASTM D7386	单一包裹运输系统的包装性能测试的标准实施规程	NA	NA	是
气候应变能力试验	环境挑战	YY/T 0681.16	无菌医疗器械包装试验方法　第16部分：包装系统气候应变能力试验	NA	NA	是
标签相容性	印刷和涂层	YY/T 0681.6	无菌医疗器械包装试验方法　第6部分：软包装材料上印墨和涂层抗化学性评价	NA	NA	是
		YY/T 0681.7	无菌医疗器械包装试验方法　第7部分：用胶带评价软包装材料上印墨或涂层附着性	NA	NA	是
		YY/T 0698.5	最终灭菌医疗器械包装材料　第5部分：透气材料与塑料膜组成的可密封组合袋和卷材　要求和试验方法	否	否	NA
技术开发规范	术语和规范	T/CAMDI 057 ASTM F2559/2559F	可灭菌剥离袋规格书编写的标准指南	NA	NA	是
		ASTM F99	柔性阻隔卷材技术规范编写标准指南	NA	NA	是
		ASTM F17	与柔性阻隔包装相关的标准术语	NA	NA	是
		YY/T 1759	医疗器械软性初包装设计和评价指南	NA	NA	是
无菌屏障系统密封和闭合完好性能	密封强度	YY/T 0681.4	无菌医疗器械包装试验方法　第4部分：染色液穿透法测定透气包装的密封泄漏	是	—	NA
		YY/T 0681.11	无菌医疗器械包装试验方法　第11部分：目力检测医用包装密封完整性	是	—	NA

续表

属性/特性	表征特性	参考标准	标题	试验方法中说明精确度和/或偏差、重复性和再现性	试验方法中仅说明精确度和/或偏差	指南/标准规程
无菌屏障系统密封和闭合完好性能	密封强度	ASTM F3004	用空气超声法评估密封质量和完整性的标准试验方法	否	否	NA
		YY/T 0681.3	无菌医疗器械包装试验方法　第3部分：无约束包装抗内压破坏	是	—	NA
		YY/T 0681.9	无菌医疗器械包装试验方法　第9部分：约束板内部气压法软包装密封胀破试验	是	—	NA
		ASTM F2228	用CO_2示踪气体法非破坏性测定透气屏障材料泄漏的标准试验方法	是	—	NA
		ASTM F3039	染色穿透法测定不透气包装和柔性屏障材料泄漏的标准试验方法	是	—	NA
		ASTM F2227	用二氧化碳示踪气体法无损检测非密封和空医疗包装托盘中泄漏的标准试验方法	是	—	NA
		ASTM F2391	用氦示踪气体法测定包装和密封完整性的标准试验方法	是	—	NA
		YY/T 0681.5	无菌医疗器械包装试验方法　第5部分：内压法检测粗大泄漏（气泡法）	是	—	NA
		YY/T 0681.18	无菌医疗器械包装试验方法　第18部分：用真空衰减法无损检验包装泄漏	是	—	NA
		GB/T 15171 ASTM D3078	软包装件密封性能试验方法	是	—	NA
		ASTM F2095	有或无约束板柔性包装压力衰减泄漏的标准试验方法	是	—	NA
		YY/T 0681.2	无菌医疗器械包装试验方法　第2部分：软性屏障材料的密封强度	是	—	NA
		YY/T 0698.5	最终灭菌医疗器械包装材料　第5部分：透气材料与塑料膜组成的可密封组合袋和卷材　要求和试验方法	否	否	NA
化学性质	硫化物（残留物）	GB/T 2678.6 ISO 9198	纸、纸板和纸浆　水溶性硫化物测定法	—	是	NA
	氯化物（残留物）	ISO 9197	纸、纸板和纸浆　水溶性氯化物测定	—	是	NA
		JIS P-8144	纸、纸板和纸浆　水溶性氯化物测定	是	—	NA
		TAPPI T256	纸和纸浆中的氯化物	—	是	NA

属性/特性	表征特性	参考标准	标题	试验方法中说明精确度和/或偏差、重复性和再现性	试验方法中仅说明精确度和/或偏差	指南/标准规程
化学性质	pH	ISO 6588-1（JIS P-8133）	纸浆、纸和纸板：水抽出物 pH 值的测定—第1部分：冷提取	是	—	NA
		ISO 6588-2（JIS P-8133）	纸、纸板和纸浆：水提物 pH 值的测定—第2部分：热萃取	是	—	NA
		TAPPI T509	纸萃取物的氢离子浓度（pH 值）（冷萃取法）	是	—	NA
		TAPPI T435	纸萃取物的氢离子浓度（pH 值）（热萃取法）	是	—	NA
	拒酒精溶液（抗化学性）	AATCC-193	水性溶液排斥性：水/醇溶液耐受性试验	否	否	NA
物理性质	透气度（空气透过性）	GB/T 458	纸和纸板透气度的测定	否	否	NA
		JIS P-8117	纸张和纸板 透气性和空气阻力测定（中等程度）第5部分：葛尔莱法	是	—	NA
		GB/T 5453	纺织品 织物透气性的测定	是	—	NA
		ASTM F2981	验证无孔柔性屏障材料空气流通阻力的标准测试方法	—	是	NA
		TAPPI T460	纸张的空气阻力（葛尔莱法）	是	—	NA
		TAPPI T536	纸张的空气流通阻力（高压葛尔莱法）	是	—	NA
	材料表面静电	BS 6524	纺织品表面电阻率的测定方法	否	否	NA
		ASTM D257	绝缘材料直流电阻或电导率的标准试验方法	—	是	NA
	强度试验（剥离特性）	YY/T 0698.5	最终灭菌医疗器械包装材料 第5部分：透气材料与塑料膜组成的可密封组合袋和卷材 要求和试验方法（附录C：组合袋和卷材密封连接处强度测试方法）	否	否	NA
	强度试验（剥离特性）	YY/T 0698.5	最终灭菌医疗器械包装材料 第5部分：透气材料与塑料膜组成的可密封组合袋和卷材 要求和试验方法	否	否	NA
	强度试验（抗撕裂）	ASTM D1424	落摆法测定织物耐撕裂强度（埃莱门多夫法）的标准试验方法	是	—	NA
		ASTM D1922	用摆锤法测定塑料薄膜与薄板抗扩展撕裂性的标准试验方法	是	—	NA
		ASTM D1938	用单撕裂法测定塑料薄膜与薄板的抗扩展撕裂性（裤形撕裂）的标准试验方法	是	—	NA
		JIS P-8116	纸 抗撕裂强度的测定—埃莱门多夫撕裂试验机法	是	—	NA
		GB/T 455	纸和纸板撕裂度的测定	否	否	NA

续表

属性/特性	表征特性	参考标准	标题	试验方法中说明精确度和/或偏差、重复性和再现性	试验方法中仅说明精确度和/或偏差	指南/标准规程
物理性质	强度试验（抗张性能）	GB/T 12914	纸和纸板 抗张强度测定恒速拉伸法（20mm/min）	是	—	NA
		GB/T 22898	纸和纸板 抗张强度测定 恒速拉伸法（100mm/min）	是	—	NA
		ASTM D882	塑料薄膜拉伸性能标准试验方法	是	—	NA
		ASTM D5034	纺织品断裂强力及伸长率标准试验方法（抓样法）	是	—	NA
		TAPPI T494	纸和纸板拉伸性能（利用等速伸长仪器）	是	—	NA
	悬垂性（柔软性或挺度）	GB/T 23329	纺织品 织物悬垂性的测定	否	否	NA
		GB/T 22364	纸和纸板 弯曲挺度的测定	是	—	NA
		DIN 53121	纸和纸板的测试—使用光束法测定弯曲硬度	否	否	NA
		TAPPI T489	纸和纸板的抗弯性（刚度）（基本配置中的泰伯式挺度仪法）	是	—	NA
		TAPPI T566	纸张弯曲阻力（刚度）（泰伯式挺度仪法，0~10泰伯刚度单位配置）	是	—	NA
	强度试验（耐破度）	GB/T 454	纸耐破度的测定	是	—	NA
		JIS P—8112	纸张 胀破强度测定	是	—	NA
		TAPPI T403	纸张胀破强度	是	—	NA
		YY/T 0681.3	无菌医疗器械包装试验方法 第3部分：无约束包装抗内压破坏	是	—	NA
		ASTM D3786	纺织织物胀破强度的标准测试方法隔膜胀破强度测试仪法	是	—	NA
		YY/T 0681.9	无菌医疗器械包装试验方法 第9部分：约束板内部气压法软包装密封胀破试验	是	—	NA
	强度试验（湿态耐破度）	GB/T 465.1	纸和纸板 浸水后耐破强度的测定	否	否	NA
	强度试验（湿态抗张性）	GB/T 465.2	纸和纸板 浸水后抗张强度的测定	否	否	NA
		JIP P—8135	纸和纸板 浸水后抗张强度的测定	否	否	NA
		TAPPI T456	水饱和纸和纸板的拉伸断裂强度	是	—	NA
	强度试验（抗冲击）	ASTM D1709	自由降落投掷法测量塑料膜抗冲击性试验方法	是	—	NA
		GB/T 8809	塑料薄膜抗摆锤冲击试验方法	是	—	NA

属性/特性	表征特性	参考标准	标题	试验方法中说明精确度和/或偏差、重复性和再现性	试验方法中仅说明精确度和/或偏差	指南/标准规程
物理性质	强度试验（抗穿刺）	YY/T 0681.13	无菌医疗器械包装试验方法　第13部分：软性屏障膜和复合膜抗慢速戳穿性	是	—	NA
	透氧量试验（氧气透过性能）	GB/T 19789	包装材料　塑料薄膜和薄片氧气透过性试验　库仑计检测法	是	—	NA
		ASTM F1307	用电量传感器测定固体包装件氧传输率的标准试验方法	是	—	NA
		ASTM F1927	用库仑检测器测定氧气传输率、渗透率和穿透屏蔽材料的受控相对湿度渗透的标准试验方法	是	—	NA
		ASTM F2622	使用各种传感器测定塑料薄膜和薄片的氧气透过率的标准测试方法	是	—	NA
	强度试验（抗揉搓）	YY/T 0681.12	无菌医疗器械包装试验方法　第12部分：软性屏障膜抗揉搓性	是	—	NA
灭菌	医院灭菌	GB 15981	消毒与灭菌效果的评价方法和标准	—	—	—
		GB 15982	医院消毒卫生标准	—	—	—
		WS 310.1	医院消毒供应中心　第1部分：管理规范	—	—	—
		WS 310.2	医院消毒供应中心　第2部分：清洗消毒及灭菌技术操作规范	—	—	—
		WS 310.3	医院消毒供应中心　第3部分：清洗消毒及灭菌效果监测标准	—	—	—
	环氧乙烷灭菌工业灭菌	GB 18279	医疗器械　环氧乙烷灭菌确认和常规控制	—	—	—
		GBT 18279.1	医疗保健产品灭菌环氧乙烷　第1部分：医疗器械灭菌过程的开发、确认和常规的要求	—	—	—
		GBT 18279.2	医疗保健产品灭菌　环氧乙烷　第2部分：GB 18279.1应用指南	—	—	—
		GB/T 16886.7	医疗器械生物学评价　第7部分：环氧乙烷灭菌残留量	—	—	—
		YY 0503	环氧乙烷灭菌器	—	—	—
		YY/T 1268	环氧乙烷灭菌的产品追加和过程等效	—	—	—
		YY/T 1302.1	环氧乙烷灭菌的物理和微生物性能要求　第1部分：物理要求	—	—	—
		YY/T 1302.2	环氧乙烷灭菌的物理和微生物性能要求　第2部分：微生物要求	—	—	—
		YY/T 1403	环氧乙烷分包灭菌的要求	—	—	—
		YY/T 1544	环氧乙烷灭菌安全性和有效性的基础保障要求	—	—	—

续表

属性/特性	表征特性	参考标准	标题	试验方法中说明精确度和/或偏差、重复性和再现性	试验方法中仅说明精确度和/或偏差	指南/标准规程
灭菌	辐射灭菌（工业灭菌）	GB 18280	医疗保健产品灭菌 辐射	—	—	—
		GB 16383	医疗卫生用品辐射灭菌消毒质量控制	—	—	—
		GB 18280.1	医疗保健产品灭菌辐射 第1部分：医疗器械灭菌过程的开发、确认和常规控制要求	—	—	—
		GB 18280.2	医疗保健产品灭菌辐射 第2部分：建立灭菌计量	—	—	—
		YY/T 1607	医疗器械辐射灭菌剂量设定的方法	—	—	—
		YY/T 1608	医疗器械辐射灭菌 验证剂量实验和灭菌剂量审核的抽样方法	—	—	—
		YY/T 1733	医疗器械辐射灭菌辐照装置剂量分布测试指南	—	—	—
		YY/T 0884	适用于辐射灭菌的医疗保障产品的材料评价	—	—	—
	高压蒸汽灭菌	YY/T 1612	医用灭菌蒸汽质量的测试方法	—	—	—
		GB 18278 1	医疗保健产品灭菌 湿热灭菌 第1部分：医疗器械灭菌过程的开发、确认和常规的要求	—	—	—
		GB 18278 2	医疗保健产品灭菌 湿热灭菌 第2部分：GB 18278 1的应用指南	—	—	—
		GB 8599	大型蒸汽灭菌器技术要求 自动控制型	—	—	—
		GB/T 30690	小型压力蒸汽灭菌器灭菌效果监测方法和评价要求	—	—	—
		GB/T 33420	压力蒸汽灭菌生物指示物检验方法	—	—	—
		YY/T 1402	医疗器械蒸汽灭菌过程挑战装置适用性的测试方法	—	—	—
		YY 1277	蒸汽灭菌器 生物安全性能要求	—	—	—
	干热灭菌	YY/T 1276	医疗器械干热灭菌过程的开发、确认和常规的要求	—	—	—
	低温蒸汽甲醛灭菌	YY/T 1464	医疗器械灭菌 低温蒸汽甲醛灭菌过程的开发、确认和常规控制要求	—	—	—
	一些重要的生物学检测方法	GB/T 19973.1	医用器材的灭菌 微生物学方法 第1部分：产品上微生物总数的估计	—	—	—
		GB/T 19973.2	医疗器械的灭菌 微生物学方法 第2部分：确认灭菌过程的无菌试验	—	—	—

属性/特性	表征特性	参考标准	标题	试验方法中说明精确度和/或偏差、重复性和再现性	试验方法中仅说明精确度和/或偏差	指南/标准规程
灭菌	生物指示物	GB/T 19972	医疗保健产品灭菌　生物指示物选择、使用及检验结果判断指南	—	—	—
		GB 18281.2	医疗保健产品　灭菌　生物指示物　第2部分：环氧乙烷灭菌用生物指示物	—	—	—
		GB 18281.3	医疗保健产品　灭菌　生物指示物　第3部分：湿热灭菌用生物指示物	—	—	—
		GB 18281.4	医疗保健产品　灭菌　生物指示物　第4部分：干热灭菌用生物指示物	—	—	—
		GB 18281.5	医疗保健产品　灭菌　生物指示物　第5部分：低温蒸汽甲醛灭菌用生物指示物	—	—	—
	化学指示物	GB 18282.1	医疗保健产品灭菌　化学指示物　第1部分：通则	—	—	—
		GB 18282.3	医疗保健产品灭菌　化学指示物　第3部分：用于BD类蒸汽渗透测试的二类指示物系统	—	—	—
		GB 18282.4	医疗保健产品灭菌　化学指示物　第4部分：用于替代性BD类蒸汽渗透测试的二类指示物	—	—	—
		GB 18282.5	医疗保健产品灭菌　化学指示物　第5部分：用于BD类空气排除测试的二类指示物	—	—	—

注：NA 表示不适用；"—"表示在第一列说明了精确度和偏差，第二列则无须再说明。

附录二 医疗器械生产企业供应商审核指南

（国家食品药品监督管理总局通告 2015 年第 1 号）

医疗器械生产企业应当按照《医疗器械生产质量管理规范》的要求，建立供应商审核制度，对供应商进行审核和评价，确保所采购物品满足其产品生产的质量要求。

一、适用范围

本指南适用于医疗器械生产企业对其供应商的相关管理。

本指南所指供应商是指向医疗器械生产企业提供其生产所需物品（包括服务）的企业或单位。

二、审核原则

1. 分类管理

生产企业应当以质量为中心，并根据采购物品对产品的影响程度，对采购物品和供应商进行分类管理。

分类管理应当考虑以下因素：

（1）采购物品是标准件或是定制件；

（2）采购物品生产工艺的复杂程度；

（3）采购物品对产品质量安全的影响程度；

（4）采购物品是供应商首次或是持续为医疗器械生产企业生产的。

2. 质量合规

采购物品应当符合生产企业规定的质量要求，且不低于国家强制性标准，并符合法律法规的相关规定。

三、审核程序

1. 准入审核

生产企业应当根据对采购物品的要求，包括采购物品类别、验收准则、规格型号、规程、图样、采购数量等，制定相应的供应商准入要求，对供应商经营状况、生产能力、质量管理体系、产品质量、供货期等相关内容进行审核并保持记录。必要时应当对供应商开展现场审核，或进行产品小试样的生产验证和评价，以确保采购物品符合要求。

2. 过程审核

生产企业应当建立采购物品在使用过程中的审核程序，对采购物品的进货查验、生产使用、成品检验、不合格品处理等方面进行审核并保持记录，保证采购物品在使用过程中持续符合要求。

3. 评估管理

生产企业应当建立评估制度。应当对供应商定期进行综合评价，回顾分析其供应物品的质量、技术水平、交货能力等，并形成供应商定期审核报告，作为生产企业质量管理体系年度自查报告的必要资料。经评估发现供应商存在重大缺陷可能影响采购物品质量时，应当中止采购，及时分析已使用的采购物品对产品带来的风险，并采取相应措施。

采购物品的生产条件、规格型号、图样、生产工艺、质量标准和检验方法等可能影响质量的关键因素发生重大改变时，生产企业应当要求供应商提前告知上述变更，并对供应商进行重新评估，必要时对其进行现场审核。

四、审核要点

1. 文件审核

（1）供应商资质，包括企业营业执照、合法的生产经营证明文件等；

（2）供应商的质量管理体系相关文件；

（3）采购物品生产工艺说明；

（4）采购物品性能、规格型号、安全性评估材料、企业自检报告或有资质检验机构出具的有效检验报告；

（5）其他可以在合同中规定的文件和资料。

2. 进货查验

生产企业应当严格按照规定要求进行进货查验，要求供应商按供货批次提供有效检验报告或其他质量合格证明文件。

3. 现场审核

生产企业应当建立现场审核要点及审核原则，对供应商的生产环境、工艺流程、生产过程、质量管理、储存运输条件等可能影响采购物品质量安全的因素进行审核。应当特别关注供应商提供的检验能力是否满足要求，以及是否能保证供应物品持续符合要求。

五、特殊采购物品的审核

（1）采购物品如对洁净级别有要求的，应当要求供应商提供其生产条件洁净级别的证明文件，并对供应商的相关条件和要求进行现场审核。

（2）对动物源性原材料的供应商，应当审核相关资格证明、动物检疫合格证、动物防疫合格证、执行的检疫标准等资料，必要时对饲养条件、饲料、储存运输及可能感染病毒和传染性病原体控制情况等进行延伸考察。

（3）对同种异体原材料的供应商，应当审核合法证明或伦理委员会的确认文件、志愿捐献书、供体筛查技术要求、供体病原体及必要的血清学检验报告等。

（4）生产企业应当根据定制件的要求和特点，对供应商的生产过程和质量控制情况开展现场审核。

（5）对提供灭菌服务的供应商，应当审核其资格证明和运营能力，并开展现场审核。

对提供计量、清洁、运输等服务的供应商，应当审核其资格证明和运营能力，必要时开展现场审核。

在与提供服务的供应商签订的供应合同或协议中，应当明确供方应配合购方要求提供相应记录，如灭菌时间、温度、强度记录等。有特殊储存条件要求的，应当提供运输过程储存条件记录。

六、其他

（1）生产企业应当指定部门或人员负责供应商的审核，审核人员应当熟悉相关的法规，具备相应的专业知识和工作经验。

（2）生产企业应当与主要供应商签订质量协议，规定采购物品的技术要求、质量要求等内容，明确双方所承担的质量责任。

（3）生产企业应当建立供应商档案，包括采购合同或协议、采购物品清单、供应商资质证明文件、质量标准、验收准则、供应商定期审核报告等。

附录三 一次性使用输注器具产品注册技术审查指导原则中有关包装材料的要求

一、产品包装

产品包装验证可依据有关国内、国际标准进行（如 GB/T 19633、ISO 11607、ASTM D-4169 等），提交产品的包装验证报告。包装材料的选择应至少考虑以下因素：包装材料的物理化学性能；包装材料的毒理学特性；包装材料与产品的适应性；包装材料与成型和密封过程的适应性；包装材料与灭菌过程的适应性；包装材料所能提供的物理、化学和微生物屏障保护；包装材料与使用者使用时的要求（如无菌开启）的适应性；包装材料与标签系统的适应性；包装材料与贮存运输过程的适合性。

二、产品灭菌

提交产品灭菌方法的选择依据及验证报告。器械的灭菌应通过 GB 18278、GB 18279 或 GB 18280 确认并进行常规控制，无菌保证水平应保证（SAL）达到 1×10^{-6}。灭菌过程的选择应考虑以下因素：产品与灭菌过程间的适应性；包装材料与灭菌过程的适应性。

三、产品稳定性要求（有效期验证）

包括产品有效期和产品包装有效期。产品稳定性验证可采用加速老化或实时老化的研究，实时老化的研究是唯一能够反映产品在规定储存条件下实际稳定性要求的方法。加速老化研究试验的具体要求可参考 ASTM F1980。在进行加速老化试验研究时应注意：产品在选择的环境条件下的老化机制应与在实时正常使用环境老化条件下真实发生产品老化的机制一致。对首次注册未提交实时老化研究资料的，企业在重新注册的资料中应提交实时老化研究资料以确定产品的实际稳定性。

附录四 无源植入性医疗器械货架有效期注册申报资料指导原则

（国家食品药品监督管理总局通告 2017 年第 75 号）

一、前言

医疗器械货架有效期是指保证医疗器械终产品正常发挥预期功能的期限，一旦超过医疗器械的货架有效期，就意味着该器械可能不再满足已知的性能指标，发挥预期功能，在使用中具有潜在的风险。为进一步明确无源植入性医疗器械产品注册申报资料的技术要求，指导注册申请人编制无源植入性医疗器械货架有效期注册申报资料，特制定本指导原则。无源非植入性医疗器械有关货架有效期注册申报可根据实际情况参照执行。

本指导原则系对无源植入性医疗器械货架有效期的一般性要求，未涉及其他技术要求。对于产品其他技术要求有关注册申报资料的准备，注册申请人还需参考相关的法规和指导性文件。如有其他法规和指导性文件涉及某类医疗器械货架有效期的具体规定，建议注册申请人结合本指导原则一并使用。

本指导原则系对注册申请人和审查人员的指导性文件，但不包括注册审批所涉及的行政事项，也不作为法规强制执行。如果有能够满足相关法规要求的其他方法，也可采用，但应提供详细的研究资料和验证资料。注册申请人应在遵循相关法规的前提下使用本指导原则。

本指导原则是在现行法规和标准体系以及当前认知水平下制定的，随着法规和标准的不断完善，以及科学技术的不断发展，本指导原则相关内容也将进行适时的调整。

本指导原则是国家食品药品监督管理局 2011 年发布的《无源植入性医疗器械货架寿命申报资料指导原则》的修订版。本次修订主要涉及以下内容：（一）将原《指导原则》中的"货架寿命"改为"货架有效期"；（二）调整了部分文字表述；（三）修改了植入性医疗器械的定义，保持与《医疗器械分类规则》（国家食品药品监督管理总局令第 15 号）一致。

二、适用范围

本指导原则主要适用于无源植入性医疗器械货架有效期的研究及相关注册申报资料的准备。

三、基本要求

（一）货架有效期影响因素

影响医疗器械货架有效期的因素主要包括外部因素和内部因素。此处列举了部分与无源植入性医疗器械密切相关的影响因素，但不仅限于以下内容：

1. 外部因素

外部因素主要包括以下七个方面：

（1）储存条件，如温度、湿度、光照、通风情况、气压、污染等。

（2）运输条件，如运输过程中的震动、冲撞。

（3）生产方式，采用不同方式生产的同一医疗器械产品可能具有不同的货架有效期。

（4）生产环境，如无菌医疗器械生产场所的洁净度、温度和湿度、微生物及悬浮粒子负荷等。

（5）包装，例如在不同尺寸容器中包装的产品可能具有不同的货架有效期。

（6）原辅材料来源改变的影响，如采购单位、采购批号改变。

（7）其他影响因素，如生产设备改变的影响及设备所用清洗剂、模具成型后不清洗的脱模剂的影响。

2. 内部因素

内部因素主要包括以下六个方面：

（1）医疗器械中各原材料/组件的自身性能，各原材料/组件随时间的推移而发生退化，导致其化学性能、物理性能或预期功能的改变，进而影响医疗器械整体性能。如某些高分子材料和组合产品中的药物、生物活性因子等。

（2）医疗器械中各原材料/组件之间可能发生的相互作用。

（3）医疗器械中各原材料/组件与包装材料（包括保存介质，如角膜接触镜的保存液等）之间可能发生的相互作用。

（4）生产工艺对医疗器械中各原材料/组件、包装材料造成的影响，如生产过程中采用的灭菌工艺等。

（5）医疗器械中含有的放射性物质和其放射衰变后的副产物对医疗器械中原材料/组件、包装材料的影响。

（6）无菌包装产品中微生物屏障的保持能力。

内部因素和外部因素均可不同程度地影响医疗器械产品的技术性能指标，当超出允差后便可造成器械失效。由于影响因素很多，注册申请人不可能将全部影响医疗器械货架有效期的因素进行规避，但应尽可能将各因素进行有效控制，使其对医疗器械技术性能指标造成的影响降至最低。

需要强调的是，并不是所有的医疗器械均需要有一个确定的货架有效期。当某一医疗器械的原材料性能和包装材料性能随时间推移而不会发生显著性改变时，则可能没有必要确定一个严格的货架有效期，而当某一医疗器械的稳定性较差或临床使用风险过高时，其货架有效期则需要进行严格的验证。对于以无菌状态供应的无源植入性医疗器械，注册申请人应指定一个经过验证的确定的货架有效期。

（二）货架有效期验证过程

医疗器械货架有效期的验证贯穿该器械研发的整个过程，注册申请人应在医疗器械研发的最初阶段考虑其货架有效期，并在产品的验证和改进过程中不断进行确认。

首先，注册申请人要为医疗器械设定保证运输、储存和预期功效的货架有效期。

其次，注册申请人需对用于生产和包装医疗器械的材料、组件和相关生产工艺，以及涉及的参考资料进行全面评估。如必要，还需进行实验室验证和调整生产工艺。

注册申请人根据评估结果设计医疗器械的货架有效期验证方案，并依据方案所获得的验证结果确定该医疗器械的货架有效期。如验证结果不能被注册申请人所接受，则需对其进行改进，并于改进后重新进行验证。

最后，注册申请人需要制定严格的质量体系文件以确保产品在货架有效期内进行储存、运输和销售。

注册申请人应认真保存医疗器械货架有效期验证过程中涉及的各种文件和试验数据，以便在申请注册时和对货架有效期进行重新评价时提供详细的支持性资料。

（三）货架有效期验证内容

1. 验证试验类型

医疗器械货架有效期的验证试验类型通常可分为加速稳定性试验和实时稳定性试验两类。

（1）加速稳定性试验。加速稳定性试验是指将某一产品放置在外部应力状态下，通过考察应力状态下的材料退化情况，利用已知的加速因子与退化速率关系，推断产品在正常储存条件下的材料退化情况的试验。

加速稳定性试验设计是建立在假设材料变质所涉及的化学反应遵循阿列纽斯（Arrhenius）反应速率函数基础上的。该函数以碰撞理论为基础，确认化学反应产生变化的反应速率的增加或降低按照以下公式进行：

$$r = \frac{dq}{dt} = A_e^{(-\phi / kt)}$$

式中，r 为反应进行的速率；A 为材料的常数（频率因子）；ϕ 为表观活化能（eV）；k 为玻尔兹曼常数（0.8617×10^{-4} eV/K）；t 为绝对温度。

大量化学反应的研究结果表明温度升高或降低 10℃ 会导致化学反应速率增加一倍或减半。则可根据阿列纽斯反应速率函数建立加速老化简化公式：

$$AAT = RT / Q_{10}^{((T_{AA} - T_{RT}) / 10)}$$

AAT：加速老化时间；RT：实时老化时间；Q_{10}：温度升高或降低 10℃ 的老化系数；T_{AA}：加速老化温度；T_{RT}：正常储存条件下温度。

上述公式反映了加速稳定性试验中加速老化时间与对应的货架有效期的关系。其中，Q_{10} 一般设定为 2。当注册申请人对医疗器械和包装的材料的评估资料不齐备时，Q_{10} 可保守设定为 1.8。如注册申请人在加速稳定性试验中设定的 Q_{10} 大于 2，则应同时提供详细的相关研究资料。

此外，设定较高的加速老化温度可减少加速稳定性试验的时间。但是，由于较高的温度可能导致医疗器械原材料/组件和包装材料的性质发生改变或引发多级或多种化学反应，造成试验结果的偏差。因此，加速老化温度一般不应超过 60℃。如注册申请人在加速稳定性试验中设定了更高的加速老化温度，也应提供详细的相关研究资料。

需要说明的是，当医疗器械的原材料/组件在高温状态下易发生退化和损坏时，则不应采用加速稳定性试验验证其货架有效期。

（2）实时稳定性试验。实时稳定性试验是指将某一产品在预定的储存条件下放置，直至监测到其性能指标不能符合规定要求为止。

在实时稳定性试验中，注册申请人应根据产品的实际生产、运输和储存情况确定适当的温度、湿度、光照等条件，在设定的时间间隔内对产品进行检测。由于中国大部分地区为亚热带气候，推荐验证试验中设定的温度、湿度条件为：25℃±2℃，60%RH±10%RH。

无源植入性医疗器械的实时稳定性试验和加速稳定性试验应同时进行。实时稳定性试验结果是验证产品货架有效期的直接证据。当加速稳定性试验结果与其不一致时，应以实时稳定性试验结果为准。

2. 验证试验检测/评价项目

无论加速稳定性试验还是实时稳定性试验，注册申请人均需在试验方案中设定检测项目、检测方法及判定标准。检测项目包括产品自身性能检测和包装系统性能检测两方面。前者需选择与医疗器械货架有效期密切相关的物理、化学检测项目，涉及产品生物相容性可能发生改变的医疗器械，需进行生物学评价。如适用，可采用包装封口完整性检测用于替代无菌检测。后者则包括包装完整性、包装强度和微生物屏障性能等检测项目。其中，包装完整性检测项目包括染色液穿透法测定透气包装的密封泄漏试验、目力检测和气泡法测定软性包装泄漏试验等；包装强度测试项目包括软性屏障材料密封强度试验、无约束包装抗内压破坏试验和模拟运输试验等。

建议注册申请人在试验过程中设立多个检测时间点（一般不少于3个）对无源植入性医疗器械进行检测。可采用零点时间性能数据作为检测项目的参照指标。

3. 进行验证试验的产品

医疗器械货架有效期验证试验应采用与常规生产相同的终产品进行。验证的医疗器械建议至少包括三个代表性批次的产品，推荐采用连续三批。注册申请人可对试验产品进行设计最差条件下的验证试验以保证试验产品可代表最恶劣的生产情况，如进行一个标准的灭菌周期后，附加一个或多个灭菌周期，或采用几种不同的灭菌方法。

4. 验证试验中采用的统计处理方法

注册申请人应在验证试验方案中设定每一检测项目的检测样品数量以确保检测结果具有统计学意义，并在试验报告中提供相关信息。

（四）参考标准

建议医疗器械注册申请人尽可能采用国家标准、行业标准和公认的国际标准中规定的方法/措施对其医疗器械产品货架有效期进行验证，以减少验证结果的偏差，提高验证结论的准确性。附录中列举了可能在货架有效期验证过程中涉及的部分标准，但不仅限于所列内容。

（五）注册时应提交的技术文件

注册申请人在无源植入性医疗器械注册时需提供详细的货架有效期验证资料，一般包括以下六方面内容：

（1）与申请注册产品货架有效期相关的基本信息，包括该医疗器械原材料/组件、包装材料、生产工艺、灭菌方法（如涉及）、货架有效期、储存运输条件等。

（2）注册申请人在该医疗器械货架有效期验证过程中对相关影响因素的评估报告。

（3）实时稳定性试验的试验方案及试验报告，同时提供试验方案中检测项目、检测判定标准、检测时间点及检测样本量的确定依据和相关研究资料。

（4）如适用，可提供加速稳定性试验的试验方案和试验报告，同时提供加速稳定性试验的试验方案中检测项目、检测判定标准、加速老化参数、检测时间点及检测样本量的确定依据和相关研究资料。

（5）包装工艺验证报告及包装、密封设备的详述。

（6）注册申请人认为应在注册时提交的其他相关支持性资料。

注册申请人可在申请注册产品的货架有效期技术文件中使用其生产的其他医疗器械产品的货架有效期研究资料及验证资料，但应同时提供两者在原材料、包装材料、生产工艺、灭菌方法（如涉及）等与货架有效期相关的信息对比资料和两者在货架有效期方面具有等同性的论证资料。

附录五 T/CAMDI 015-2018 无菌医疗器械初包装生产质量管理规范

第一章 总则

第一条 为控制无菌医疗器械初包装（以下简称包装）的质量以保障医疗器械的安全、有效，规范包装生产质量管理，参照《医疗器械生产质量管理规范》及附录，制定本规范。

第二条 包装生产企业（以下简称企业）在包装设计开发、生产、销售和售后服务等过程中应当遵守本规范的要求。

第三条 企业应当按照本规范的要求，建立健全与所生产包装相适应的质量管理体系，并保证其有效运行。

第四条 企业应当将风险管理贯穿于包装设计开发、生产全过程，所采取的措施应当与包装存在的风险相适应。

第二章 机构与人员

第五条 企业应当建立与包装生产相适应的管理机构，并有组织机构图，明确各部门的职责和权限，明确质量管理职能。生产管理部门和质量管理部门负责人不得互相兼任。

第六条 企业负责人是包装质量的主要责任人，应当履行以下职责：

（一）组织制定企业的质量方针和质量目标；

（二）确保质量管理体系有效运行所需的人力资源、基础设施和工作环境等；

（三）组织实施管理评审，定期对质量管理体系运行情况进行评估，并持续改进；

（四）按照法律、法规和规章的要求组织生产。

第七条 企业负责人应当确定一名管理者代表。管理者代表负责建立、实施并保持质量管理体系，报告质量管理体系的运行情况和改进需求，提高员工满足法规、规章和顾客要求的意识。

第八条 技术、生产和质量管理部门的负责人应当熟悉医疗器械相关法律法规，具有质量管理的实践经验，有能力对生产管理和质量管理中的实际问题作出正确的判断和处理。

第九条 企业应当配备与生产包装相适应的专业技术人员、管理人员和操作人员，具有相应的质量检验机构或者专职检验人员。

第十条 从事影响包装质量工作的人员，应当经过与其岗位要求相适应的培训，具有相关理论知识和实际操作技能。

第十一条 从事影响包装质量工作的人员，企业应当对其健康进行管理，并建立健康档案。

第三章　厂房与设施

第十二条　厂房与设施应当符合生产要求，生产、行政和辅助区的总体布局应当合理，非医用包装不得与医用包装使用同一生产厂房和生产设备，不得互相妨碍。

第十三条　厂房与设施应当根据所生产包装的特性、工艺流程及相应的洁净级别要求合理设计、布局和使用。生产环境应当整洁、符合包装质量需要及相关技术标准的要求，与无菌医疗器械使用表面相接触的、不需清洁处理即使用的包装，其生产环境洁净度级别的设置应当遵循与无菌医疗器械生产环境的洁净度级别相同的原则；若包装不与无菌医疗器械使用表面直接接触，应当在不低于300000级洁净室（区）内生产；洁净室（区）内使用的压缩空气等工艺用气均应当经过净化处理。与包装使用表面直接接触的气体，其对包装的影响程度应当进行验证和控制，以适应所生产包装的要求。

第十四条　厂房应当确保生产和贮存包装质量以及相关设备性能不会直接或者间接受到影响，厂房应当有适当的照明、温度、湿度和通风控制条件。

第十五条　厂房与设施的设计和安装应当根据包装特性采取必要的措施，有效防止昆虫或者其他动物进入。对厂房与设施的维护和维修不得影响包装质量。

第十六条　生产区应当有适宜的空间，并与其包装生产规模、品种相适应。

第十七条　仓储区应当能够满足原材料、包装成品等的贮存条件和要求，按照待验、合格、不合格、退货或者召回等情形进行分区存放，便于检查和监控。

第十八条　企业应当配备与包装生产规模、品种、检验要求相适应的检验场所和设施。

第四章　设备

第十九条　企业应当配备与所生产包装和规模相匹配的生产设备、工艺装备等，并确保有效运行。

第二十条　生产设备的设计、选型、安装、维修和维护必须符合预定用途，便于操作、清洁和维护。生产设备应当有明显的状态标识，防止非预期使用。

企业应当建立生产设备使用、清洁、维护和维修的操作规程，并保存相应的操作记录。

第二十一条　企业应当配备与原材料检验和包装检验要求相适应的检验仪器和设备，主要检验仪器和设备应当具有明确的操作规程，用于指导生产。企业配置的主要检验仪器和设备清单见附录。

第二十二条　企业应当建立检验仪器和设备的使用记录，记录内容包括使用、校准、检定、维护和维修等情况。

第二十三条　企业应当配备适当的计量器具。计量器具的量程和精度应当满足使用要求，标明其校准和检定有效期，并保存相应记录。

第五章　文件管理

第二十四条　企业应当建立健全质量管理体系文件，包括质量方针和质量目标、质量手册、程序文件、技术文件和记录，以及法规要求的其他文件。

质量手册应当对质量管理体系作出规定。

程序文件应当根据包装生产和质量管理过程中需要建立的各种工作程序而制定，包含本规范所规定的各项程序。

技术文件应当包括技术要求及相关标准、生产工艺规程、作业指导书、检验和试验操作规程等相关文件。

第二十五条　企业应当建立文件控制程序，系统地设计、制定、审核、批准和发放质量管理体系文件，至少应当符合以下要求：

（一）文件的起草、修订、审核、批准、替换或者撤销、复制、保管和销毁等应当按照控制程序管理，并有相应的文件分发、替换或者撤销、复制和销毁记录；

（二）文件更新或者修订时，应当按规定评审和批准，能够识别文件的更改和修订状态；

（三）分发和使用的文件应当为适宜的文本，已撤销或者作废的文件应当进行标识，防止误用。

第二十六条　企业应当确定作废的技术文件等必要的质量管理体系文件的保存期限，以满足包装质量责任追溯等需要。

第二十七条　企业应当建立记录控制程序，包括记录的标识、保管、检索、保存期限和处置要求等，并满足以下要求：

（一）记录应当保证包装生产、质量控制等活动的可追溯性；

（二）记录应当清晰、完整，易于识别和检索，防止破损和丢失；

（三）记录不得随意涂改或者销毁，更改记录应当签注姓名和日期，并使原有信息仍清晰可辨，必要时，应当说明更改的理由；

（四）记录的保存期应当至少相当于企业所规定的包装的寿命期，但从放行包装的日期起不少于2年，或者符合相关法规要求，并可追溯。

第六章　设计和开发

第二十八条　企业应当建立设计控制程序并形成文件，对包装的设计和开发过程实施策划和控制。

第二十九条　在进行设计和开发策划时，应当确定设计和开发的阶段及对各阶段的评审、验证、确认和设计转换等活动，应当识别和确定各个部门设计和开发的活动和接口，明确职责和分工。

第三十条　设计和开发输入应当包括预期用途规定的功能、性能和安全要求、法规要求、风险管理控制措施和其他要求。对设计和开发输入应当进行评审并得到批准，保持相关记录。

第三十一条　设计和开发输出应当满足输入要求，包括采购、生产和服务所需的相关信息、包装技术要求等。设计和开发输出应当得到批准，保持相关记录。

第三十二条　企业应当在设计和开发过程中开展设计和开发到生产的转换活动，以使设计和开发的输出在成为最终包装规范前得以验证，确保设计和开发输出适用于生产。

第三十三条　企业应当在设计和开发的适宜阶段安排评审，保持评审结果及任何必要措施的记录。

第三十四条　企业应当对设计和开发进行验证，以确保设计和开发输出满足输入的要求，并保持验证结果和任何必要措施的记录。

第三十五条　企业应当对设计和开发进行确认，以确保包装满足规定的使用要求或者预期用途的要求，并保持确认结果和任何必要措施的记录。

第三十六条　企业应当对设计和开发的更改进行识别并保持记录。必要时，应当对设计和开发更改进行评审、验证和确认，并在实施前得到批准。

当选用的原材料或者辅助材料的改变可能影响到包装安全性、有效性时，应当评价因改动可能带来的风险，必要时采取措施将风险降低到可接受水平，同时应当符合相关法规的要求。

第三十七条　企业应当在包括设计和开发在内的包装实现全过程中，制定风险管理的要求并形成文件，保持相关记录。

第七章　采购

第三十八条　企业应当建立采购控制程序，确保采购物料符合规定的要求，且不得低于法律法规的相关规定和国家强制性标准的相关要求。

第三十九条　企业应当根据采购物料对包装的影响，确定对采购物料实行控制的方式和程度。应当制定重要采购物料的技术标准和验收准则。

第四十条　企业应当建立供应商审核制度，并应当对供应商进行审核评价。必要时，应当进行现场审核。

第四十一条　企业应当与主要原材料供应商签订质量协议，至少应包含：对供应商提供原料的质量要求；质量保证要求；工艺更改的要求等，明确双方所承担的质量责任。

第四十二条　采购时应当明确采购信息，清晰表述采购要求，包括采购物料名称、类别、规格型号、验收准则等内容。应当建立采购记录，包括采购合同、原材料清单、供应商资质证明文件、质量标准、检验报告及验收标准等。采购记录应当满足可追溯要求。

第四十三条　企业应当对采购物料进行检验或者验证，确保满足生产要求。对于不需清洁处理即使用的原纸、塑料膜等，应当根据包装质量要求确定其初始污染菌和微粒污染的可接受水平并形成文件，按照文件要求对其进行检验并保持相关记录。

第八章　生产管理

第四十四条　企业应当按照建立的质量管理体系进行生产，以保证包装符合强制性标准和客户定制包装的技术要求。

第四十五条　企业应当编制生产工艺规程、作业指导书等，明确关键工序。

第四十六条　企业应当根据包装生产工艺特点对环境进行监测，并保存记录。

第四十七条　每批包装均应当有生产记录，并满足可追溯的要求。生产记录包括包装名称、规格型号、原材料批号、生产批号或者编号、生产日期、数量、主要设备、工艺参数、操作人员等内容。

第四十八条　企业应当建立标识控制程序，用适宜的方法对包装进行标识，以便识别，防止混用和错用。

第四十九条　企业应当在生产过程中标识包装的检验状态，防止不合格中间包装流向下道工序。

第五十条　企业应当建立可追溯性程序，规定包装追溯范围、程度、标识和必要的记录，应当至少能追溯到生产所用的各种原材料。

第五十一条　包装的标签应当符合相关标准要求。

第五十二条　企业应当建立包装防护程序，规定包装的防护要求，包括污染防护、静电防护、粉尘防护、腐蚀防护、运输防护等要求。防护应当包括标识、搬运、防护包装、贮存和保护等。对于重要中间品、原辅料也应依据物料质量特性建立必要的存储条件。

第九章　质量控制

第五十三条　企业应当建立质量控制程序，规定包装检验部门、人员、操作等要求，并规定检验仪器和设备的使用、校准等要求，以及包装放行的程序。

第五十四条 检验仪器和设备的管理使用应当符合以下要求：

（一）定期对检验仪器和设备进行校准或者检定，并予以标识；

（二）规定检验仪器和设备在搬运、维护、贮存期间的防护要求，防止检验结果失准；

（三）发现检验仪器和设备不符合要求时，应当对以往检验结果进行评价，并保存验证记录；

（四）对用于检验的计算机软件，应当确认。

第五十五条 企业应当根据强制性标准以及客户定制包装的技术要求制定包装的检验规程，并出具相应的检验报告或者证书。

需要常规控制的进货检验、过程检验和成品检验项目原则上不得进行委托检验。对于检验条件和设备要求较高，确需委托检验的项目，可委托具有资质的机构进行检验，以证明包装符合强制性标准和客户定制包装的技术要求。

第五十六条 企业应当具备微生物限度和阳性对照的检测能力和条件，应能提供生物屏障性能、初始污染菌、微粒污染等检验记录或相关证明文件，并满足可追溯的要求。检验记录应当包括进货检验、过程检验和成品检验的检验记录、检验报告或者证书等。

第五十七条 企业应当规定包装放行程序、条件和放行批准要求。放行的包装应当附有合格证明。

第五十八条 企业应当制定包装留样管理规定，按规定进行留样，并保持留样观察记录。

第十章 销售和售后服务

第五十九条 企业应当建立包装销售记录，并满足可追溯的要求。销售记录至少包括包装的名称、规格、型号、数量；生产批号、有效期、销售日期、购货单位名称、地址、联系方式等内容。

第六十条 企业应当具备与所生产包装相适应的售后服务能力，建立健全售后服务制度。应当规定售后服务的要求并建立售后服务记录，并满足可追溯的要求。

第六十一条 企业应当建立顾客反馈处理程序，对顾客反馈信息进行跟踪分析。

第十一章 不合格品控制

第六十二条 企业应当建立不合格品控制程序，规定不合格品控制的部门和人员的职责与权限。

第六十三条 企业应当对不合格品进行标识、记录、隔离、评审，根据评审结果，对不合格品采取相应的处置措施。

第六十四条 在包装销售后发现不合格时，企业应当及时采取相应措施，如召回、降级使用等。

第六十五条 不合格品可以返工的，企业应当编制返工控制文件。返工控制文件包括作业指导书、重新检验和重新验证等内容。不能返工的，应当建立相关处置制度。

第十二章 监测、分析和改进

第六十六条 企业应当指定相关部门负责接收、调查、评价和处理顾客投诉，并保持相关记录。

第六十七条 企业应当建立数据分析程序，收集分析与包装质量、顾客反馈和质量管理体系运行有关的数据，验证包装安全性和有效性，并保持相关记录。

第六十八条 企业应当建立纠正措施程序，确定产生问题的原因，采取有效措施，防止相关问题再次发生。

应当建立预防措施程序，确定潜在问题的原因，采取有效措施，防止问题发生。

第六十九条 对于存在安全隐患的包装，企业应当按照有关法规要求采取召回等措施，有许可证或备案证的应按规定向有关部门报告。

第七十条 企业应当建立包装信息告知程序，及时将包装变动、使用等补充信息通知使用单位、相关企业。

第七十一条 企业应当建立质量管理体系内部审核程序，规定审核的准则、范围、频次、参加人员、方法、记录要求、纠正预防措施有效性的评定等内容，以确保质量管理体系符合本规范的要求。

第七十二条 企业应当定期开展管理评审，对质量管理体系进行评价和审核，以确保其持续的适宜性、充分性和有效性。

附录六　干湿态微生物屏障试验

干湿态微生物屏障试验方法参照 YY/T 0681. 14-2018《无菌医疗器械包装试验方法　第 14 部分：透气包装材料湿性和干性微生物屏障试验》规定。

1. 湿性条件下微生物屏障试验

（1）方法概述。将微生物液滴加到试验样品上，液滴干燥后，进行试验以测定是否有微生物穿透到试验样品的另一面。

（2）菌种。金黄色葡萄球菌（Staphylococcus aureus subsp. Aureus）ATCC 6538。

（3）试剂。胰酪大豆胨液体培养基（TSB）、营养琼脂（NA）、无菌脱纤维羊血。

（4）仪器。生物安全柜、超净工作台、生化培养箱。

（5）菌液制备。

1）取金黄色葡萄球菌传代培养，于 37℃培养 24h 备用，制成约 $1×10^7$cfu/mL 菌液。

2）用于试验的微生物悬液中的微生物数量应为 $10^7~10^8$ 个/mL。

（6）试验施行。

1）取 5 份待测样品包装材料均裁成边长约 50mm 的正方形，灭菌备用。

2）将样品在实际使用中可能受细菌污染的一面朝上，放置在无菌平皿中。取配制的金黄色葡萄球菌菌悬液，1：100 稀释，5 滴，每滴约 0.1mL，均匀地滴在样品上，互不触碰，在 19℃~25℃下干燥 6~16h。

3）将染菌样片的内表面完全平铺于血琼脂平板表面接触 5~6s 后移去。然后将血琼脂平板放于 37℃培养 16~24h，观察细菌生长情况。

①阳性对照。参照以上方法取样并接种干燥，将其接种面与血琼脂平板接触。然后培养观察应有明显菌落生长。

②阴性对照。将未接种的样片与血琼脂平板接触。然后培养观察应无菌落生长。

（7）试验评价。

1）零生长。如果所有的 5 个血琼脂平板均未出现生长迹象，那么表明样品包装阻菌性能良好。

2）有生长。如果在 5 个血琼脂平板上生长的菌落不超过 5 个，那么再取 20 份样品重复测试。如果 20 个血琼脂平板上，生长的菌落仍不超过 5 个，那么此包装材料合格。

2. 干性条件下微生物屏障试验

（1）方法概述。通过对待测包装材料密封的微生物屏障装置中的空气进行冷却，空气流（受到抽吸）将进入试验瓶中，如果冷却前包装材料上有微生物培养物覆盖，空气流可能会使携带微生物的颗粒穿过包装材料。用微生物学技术记录通过包装材料的任何微生物并进行评价。

（2）菌种。萎缩芽孢杆菌（Bacillus atrophaeus）ATCC 9372。

（3）试剂。营养琼脂（NA）、染菌石英粉。

（4）仪器。生物安全柜、超净工作台、生化培养箱、高低温交变湿热试验箱。

（5）试验施行。

1）取待测样品 10 份，将外包装材料裁成直径为 38~42mm 的圆形样品。

2）在洗净的玻璃瓶中倒入约 20mL 培养液，待其冷却凝固。

3）将圆形样品放在两个密封圈之间，置于实验室用玻璃瓶的边缘，并用螺旋阀帽将其固定，这样样品与密封圈就能够紧紧地贴在玻璃瓶的边缘。

4）使检测用具在 121℃下经过 20min 蒸汽灭菌器的灭菌。

5）检测用具经过消毒并且降到室温后，在每个样品表面上均匀撒上约 0.25g 的染菌石英粉。

6）把检测用具放入培养箱并且加热到（50±3）℃，然后再放入（10±3）℃的冰箱中。重复 5 次。

7）将微生物屏障试验组件在 37℃下培养 24h。

①阴性对照。参照上述方法取样试验，样品表面不添加染菌石英粉作为阴性对照。

②阳性对照。用直径为 0.7mm 的细针在样品表面刺孔（大约 10 个小孔）并添加染菌石英粉作为阳性对照，然后培养观察。

（6）试验评价。当 10 个样品中的菌落总数没有超过 15 个，并且每个样品中的菌落数没有超过 5 个，则认为包装材料足以作为无菌屏障。

3. 注意事项

（1）本方法与《消毒技术规范》（2002 年版）对于带有灭菌标识的灭菌物品包装物需要进行的微生物屏障试验方法给出的原理一致，但是菌液浓度不一致。

（2）在湿性条件下，为使整个试验表面都与琼脂接触，抹平操作时需注意尽量使试样受力均匀，避免弄破血琼脂平板；注意观察菌悬液滴加点的位置，使其充分接触血琼脂平板表面；镊子不能接触血琼脂平板表面，易出现假阳性。

（3）在干性条件下，产生气流这一操作时，考虑不同实验室的加热和冷却设备的功率、体积等的不同，建议不同的实验室根据自己的设备情况，在试验开始前预先测定加热时间和冷却时间。在验证充分的基础上，可以不必每次试验都预先对加热时间和冷却时间进行测定。

附录七　最大孔径、透气度、吸水性、疏水性

1. 最大孔径测试

称为最大气泡法测试等效孔径，这种测试是基于这样的事实：对于给定的流体和具有恒定润湿的孔隙大小，迫使气泡通过孔隙所需的压力与孔的大小成反比。根据毛细管理论（拉普拉斯方程），毛细管中水柱的高度与毛细管直径成正比，从而可以确定被测试样的最大孔径。结果是以微米（μm）为单位表示样品最大孔隙的大小。

接受标准：基于 YY/T 0698-3 要求测量平均值应<35μm（最大单一测试值不超过 50μm）；基于 YY/T 0698-6 要求测量平均值<20μm（最大单一测试值不超过 30μm）。

这个测试也可以通过分析样品中孔隙大小分布的工具来实现。这种方法可以让制造商了解与评估孔径分布，并进一步控制工艺能力以符合 YY/T 0698 系列要求。

2. 透气度

通用法透气度是指在 1Pa 的压力下，1 秒内通过 1 平方米表面积的空气体积，用 $\mu m/Pa \cdot s$ 表示。本特森法透气度是在 1.47 · kPa 压力下通过 10 平方厘米纸张的空气流量。根据 ISO 5636-3 试验方法，结果以 mL/min 表达，也可以转化为 $\mu m/Pa \cdot s$。美国的一些公司也会使用葛尔莱法透气度：在 1.22kPa 的压力下让 100 立方厘米的空气通过 6.4 平方厘米的纸张所需要的秒数。

接受标准：基于 YY/T 0698-3 要求测量值>3.4$\mu m/Pa \cdot s$；基于 YY/T 0698.6 或者 YY/T 0698.7 要求测量值>0.2$\mu m/Pa \cdot s$。

3. 吸水性测试

这是一个材料憎水性的一种测试，一般也称为材料吸水性测试。指的是在给定的时间内，纸张或者纸板所能吸收的水分。结果是以克/每平方米来表示的。验收标准：YY/T 0698 系列要求小于 20g/m^2。

4. 疏水性测试

这个测试是在试样的一面放置荧光指示剂（荧光素钠和蔗糖的混合物），试样的另一面直接接触水，当水穿透样品之后会导致荧光指示剂在紫外光下显色。其结果是确定水通过样品所需的时间，并以秒表示。

验收标准：根据 YY/T 0698 系列要求，材料被水全面渗透（广泛出现荧光）的时间必须不少于 20 秒。

附录八　无菌检查法

1. 无菌检查时对检测环境的要求

无菌检查应在无菌环境下进行，试验环境必须达到无菌检查要求，检验的全过程应严格遵守无菌操作，防止微生物污染，防止污染的措施不得影响供试品中微生物的检出。单向流空气区域、工作台面及受控环境应定期按《医药工业洁净室（区）悬浮粒子、浮游菌和沉降菌的测试方法》的现行国家标准进行洁净度确认。隔离系统应定期按相关的要求进行验证，其内部环境的洁净度须符合无菌检查的要求。日常检验需对试验环境进行监测。

2. 无菌试验培养基要求

无菌检查用的硫乙醇酸盐流体培养基和胰酪大豆胨液体培养基等应符合培养基的无菌性检查及灵敏度检查的要求。培养基适用性检查可在供试品的无菌检查前或者与供试品无菌检查同时进行。

3. 方法适用性试验

进行无菌医疗器械包装产品无菌检查时，应进行方法适用性试验，以确认所采用的方法适合于该产品的无菌检查。若检验程序或产品发生变化可能影响检验结果时，应重新进行方法适用性试验。

（1）菌种制备。

菌种名称	培养基	培养温度（℃）	培养时间
金黄色葡萄球菌	TSA 或 TSB	30~35	18~24h
大肠埃希菌	TSA 或 TSB	30~35	18~24h
枯草芽孢杆菌	TSA 或 TSB	30~35	18~24h
生孢梭菌	硫乙醇酸盐流体培养基	30~35	18~24h
白色念珠菌	SDA	20~25	1~2 天
黑曲霉	SDA	20~25	5~7 天或直到获得丰富的孢子

注：《中国药典》中方法验证试验与培养基灵敏度检验所用菌种的区别是大肠埃希菌代替了铜绿假单胞菌。

（2）检测方法。

1）薄膜过滤法。按供试品的无菌检查的要求，取每种培养基规定接种的供试品的总量，按薄膜过滤法过滤、冲洗，在最后一次的冲洗液中加入不大于 100cfu 的试验菌，过滤。加培养基至滤桶内，接种金黄色葡萄球菌、大肠埃希菌、生孢梭菌的滤筒内加硫乙醇酸盐流体培养基；接种枯草芽孢杆菌、白色念珠菌、黑曲霉的滤筒内加胰酪大豆胨液体培养基。另取一装有同体积培养基的容器，加入等量试验菌，作为对照。置规定温度培养，培养时间不得超过 5 天。

2）直接接种法。取符合直接接种法培养基用量要求的硫乙醇酸盐流体培养基 6 管，分别接入不大于 100cfu 的金黄色葡萄球菌、大肠埃希菌、生孢梭菌各 2 管；取符合直接接种法培养基用量要求的胰酪大豆胨琼脂培养基 6 管，分别接入小于 100cfu 的枯草芽孢杆菌、白色念珠菌、黑曲霉各 2 管，其中 1 管接入每支培养基规定的供试品接种量，另一管作为对照，置规定的温度培养，培养时间不得超过 5 天。

（3）结果判断。与对照管比较，如含供试品各容器中的试验菌均生长良好，则供试品的该检验量在该检验条件下无抑菌作用或其抑菌作用可以忽略不计，照此检查法和检查条件进行供试品的无菌检查。

如含供试品的任一容器中微生物生长微弱、缓慢或不生长，则供试品的该检验量在检验条件下有抑菌作用，可采用：

1）增加冲洗量，或增加培养基用量；

2）使用中和剂，或更换滤膜品种等方法，消除供试品的抑菌作用，并重新进行方法验证（注：方法适用性试验可与供试品无菌检查同时进行）。

（4）供试品无菌检查。

1）阳性对照。

①无抑菌作用或抗革兰氏阳性菌。金黄色葡萄球菌。

②抗革兰氏阴性菌。大肠埃希菌。

③抗厌氧菌。生孢梭菌。

④抗真菌。白色念珠菌。

菌液制备同方法适用性试验，加菌量小于 100cfu，培养不超过 5 天，应生长良好。

2）阴性对照。

①薄膜过滤法。相应的溶剂和稀释液、冲洗液同法操作。

②直接接种法。采用未接种的培养基。

阴性对照不得有菌生长。

（5）检测方法。无菌检查法包括薄膜过滤法和直接接种法。只要供试品形状允许，应采用薄膜过滤法。进行供试品无菌检查时，所采用的检查方法和检验条件应与方法适用性试验确认的方法相同。

1）薄膜过滤法。薄膜过滤法应优先采用封闭式薄膜过滤器，无菌检查用的滤膜孔径应不大于 0.45μm，滤膜直径约为 50mm。供试液经薄膜过滤后，若需要用冲洗液冲洗滤膜，每张滤膜每次冲洗量为 100mL，且总冲洗量不得超过 500mL，最高不得超过 1000mL，以避免滤膜上的微生物受损伤。

2）直接接种法。每个容器中培养基的用量应符合接种的供试品体积不得大于培养基体积的 10%，同时硫乙醇酸盐流体培养基每管装量不少于 15mL，胰酪大豆胨液体培养基每管装量不少于 10mL。培养基的用量和高度同方法验证试验；每种培养基接种的管数同供试品的检验数量。

（6）培养观察。将接种供试品后的培养基容器培养不少于 14 天；接种生物制品供试品的硫乙醇酸盐流体培养基的容器应一份置 30℃～35℃ 培养箱内培养，一份置 20℃～25℃ 厌氧培养箱内培养。培养期间逐日观察并记录是否有菌生长。

如在加入供试品后或在培养过程中，培养基出现浑浊，培养 14 天后，不能从外观上判断有无微生物生长，可取该培养液不少于 1mL 转种至同种培养基中，继续培养不少于 4 天，观察接种的同种新鲜培养基是否再出现浑浊；或取培养液涂片，染色，镜检，判断是否有菌。

（7）结果判断。阳性对照应生长良好，阴性对照不得有菌生长，否则试验无效。供试品管均澄清，或虽显浑浊但经确证无菌生长，判定符合规定；供试品管中任何一管显浑浊并确证有菌生长，判定不符合规定。当符合下列至少一个条件时，方可判试验结果无效：

　　1）无菌检查试验所用的设备及环境的微生物监控结果不符合无菌检查法的要求；

　　2）回顾无菌试验过程，发现有可能引起微生物污染的因素；

　　3）阴性对照管有菌生长；

　　4）供试品管中生长的微生物经鉴定后，确证是因无菌试验中所使用的物品和/或无菌操作技术不当引起的。

附录九 包装确认方案

1. 封面

确认方案封面主要内容包括方案名称、文件编号、版本号，起草人、审核人、批准人及方案实施时间。

2. 目录

确认方案目录主要包括确认主要项目及其所在页码。

3. 方案正文

确认方案正文主要包括确认目的、确认范围、依据文件、确认内容以及过程的记录或表格，必要时可将确认计划列入确认方案中。

（1）确认目的。建立客观证据，证明过程能持续生产满足既定要求的结果或产品。

（2）确认范围。针对新产品和量产产品的不同要求，主要从确认涉及的产品、设备、包装材料、工艺等方面，描述要确认的包装过程。

对于新产品，其包装工艺开发虽然不是工艺确认的正式部分，但被认为是成型和密封的一个组成部分，应该进行过程评价，产品的过程开发结果可为过程评价提供支持性文件。

对于量产产品的包装确认，工艺开发可以在原 OQ 确认的基础上简化。对量产产品的确认可以依赖于以前对该产品的验证的数据，该数据可用于确定工艺参数的范围。通过过程评价，建立适当且必要的过程参数上、下限。前提是材料是按 GB/T 19633.1 的要求进行选择的，且经鉴定包装设计符合 GB/T 19633.1 的要求，并与预期灭菌过程相适应。

针对量产产品的包装确认，其确认范围应从确认涉及的产品、设备、包装材料、工艺等方面，描述其要确认的包装过程。

（3）确认范围案例。

1）产品。可以描述为：适用于×××产品的初包装包装过程确认。

2）设备。可以描述为：本次确认过程的设备为×××，列举设备型号及名称，以及可以附设备原图或者示意图等，若设备多可进行简单列表区分。

3）包装材料。可以描述为：×××产品的初包装方式为×××材料，直接接触产品。材料符合的标准、材料来源、要求、初包装结构图（若有）等。例如初包装由符合 GB/T 19633.1 的 GAG 托盘和 Tyvek 1073B 组成。GAG 托盘和涂胶闪蒸法非织造布透析纸分别由×××有限公司，×××有限公司制造，由×××有限公司，×××有限公司提供。GAG 托盘的尺寸为×××mm×××mm，Tyvek 1073B 透析纸的尺寸为×××mm×××mm，初包装的密封宽度为 6mm。本产品的初包装结构图草案稿如下：

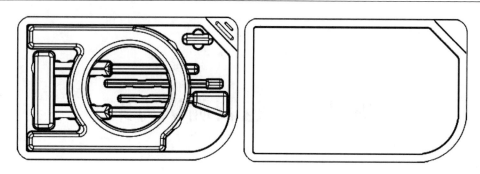

附图 9-1 ×××产品初包装图纸草案稿

4）工艺要求。概述要确认的包装工艺，例如对热封过程工艺描述为：设备预热后，将装有产品的 GAG 托盘，放至热封机模具内，将涂胶闪蒸法非织造布透析纸放置在托盘上，在相应参数条件下进行热封操作，形成单个产品，完成封口。

（4）依据文件。列举确认过程依据的规范、标准以及企业内部的文件名称。例如，包装确认过程引用最多的标准文件如下：

1）GB/T 19633.1《最终灭菌医疗器械的包装　第 1 部分：材料、无菌屏障系统和包装系统的要求》。

2）GB/T 19633.2《最终灭菌医疗器械的包装　第 2 部分：成型、密封和组装过程的确认要求》。

3）GB/T 2828.1《计数抽样检验程序　第 1 部分：按接收质量限（AQL）检索的逐批检验抽样计划》。

4）YY/T 0681.4《染色液穿透法测定透气包装的密封泄漏》。

5）YY/T 0681.11《通过目视检查确定软包装密封完整性的标准试验方法》。

（5）确认内容。包括安装、运行、性能三方面的确认以及各确认项目涉及的关键控制项目、抽样/取样方法、试验/检测方法及可接受标准、限度等。

附录十 正交试验 (DOE)

实验设计（正交试验方法）是用于确定最优过程参数的过程的试验方法的工具，即通过这个方法进行试验可以得到能保证连续生产良好质量的产品的过程条件。在该阶段获得的信息越多，过程控制就越容易。托盘的成型和后续的盖材的热封要求对温度、压力和时间进行考虑。在两种以下情况下，都必须找到对无菌屏障系统影响最小的过程条件的范围。例如，在密封盖材时，过程条件必须保证可接受的密封强度，因此应：

（1）有良好的密封质量；

（2）密封强度波动最小。

从简单的线性筛选到确定不同参数对密封结果的相关效应，再到复杂的部分因子二次研究，可以进行多个实验。通常先进行一个简单、线性的实验确定参数的显著性，然后再使用中间点进行更加复杂的研究，来保证形成密封过程与数据吻合良好的数学模型。正常情况下，温度是最重要的变量，其次是时间，最后是压力，压力在较大范围内没有显著影响。

关于实验设计（DOE）有很多专业的论述，可以参考相关科学文献。实验设计是一种在运行确认（OQ）过程中被广泛采用的试验方案的设计工具，对于多个参数可导致同一结果的试验或需要测试多个变化水平，对同一结果产生影响的试验使用这一工具可以减少试验次数，否则试验工作将消耗大量的时间和材料成本。

包装封口工艺最佳参数选择，根据热封温度、时间和压力三个因素三个水平进行正交试验。

按 L9（3）正交表安排实验（见附表 10-1），只需做 9 次实验，正交实验中每一个参数组合实验 3 种样品，进行剥离强度平均值计算，以及极差计算确定最佳参数组合和影响因素的重要程度。

附表 10-1 封口工艺参数正交试验表

1. 工艺参数的预先设定

工艺参数范围	温度（℃）	时间（S）	压力（MPa/cm²）	
低值	140	2	5	
目标值	145	2.5	6	
高值	150	3	7	

2. 正交试验表

试验号	温度（℃）	时间（S）	压力（MPa/cm²）	剥离强度平均值（N/15mm）
1	140	2	5	1.4
2	140	2.5	6	1.45
3	140	3	7	1.23
4	145	2	6	1.24

续表

试验号	温度（℃）	时间（S）	压力（MPa/cm²）	剥离强度平均值（N/15mm）
5	145	2.5	7	1.25
6	145	3	5	1.45
7	150	2	7	1.52
8	150	2.5	5	1.64
9	150	3	6	1.54
K1	4.0800	4.1600	4.4900	
K2	3.9400	4.3400	4.2300	
K3	4.7000	4.2200	4.0000	
k1	1.3600	1.3867	1.4967	
k2	1.3133	1.4467	1.4100	
k3	1.5667	1.4067	1.3333	
k（max）	1.5667	1.4467	1.4967	
k（min）	1.3133	1.3867	1.3333	
R	0.2533	0.0600	0.1633	

3. 结论

（1）因子的主次关系：

根据极差来判定：R 越大的因子，重要程度越高。

（2）工艺参数的最优组合，决定于两个因素：

1）剥离力接近目标值（可以通过目标值计算），一般越大越好，只要没有纸屑或撕破；

2）因子的重要程度。

附录十一　纸塑包装袋热封过程确认性能验证

实验结果应形成如附图 11-1 所示：

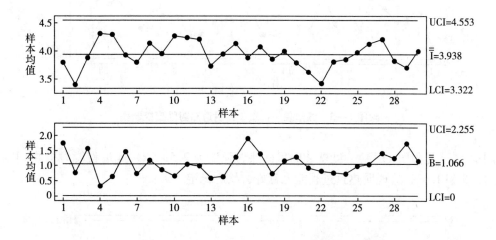

附图 11-1　纸塑袋 1 批次 1 自封边热封强度控制图

结果表明（见附图 11-2）：纸塑袋的目标热封强度为 2.5~5N，此过程能力指数 CP 与 CPK 分别为 1.45 和 1.41，这说明热封过程能力良好，状态稳定。

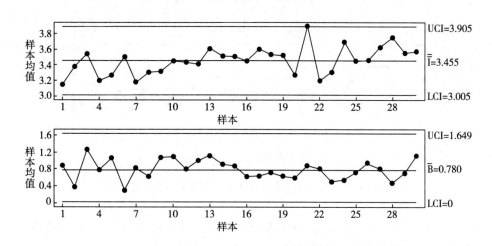

附图 11-2　纸塑袋 1 批次 1 供应商封口热封强度控制图

结果表明（见附图 11-3）：纸塑袋的目标热封强度为 2.5~5N，此过程能力指数 CP 与 CPK

无菌医疗器械初包装选择指南

分别为 1.99 和 1.45，这说明热封过程能力良好，状态稳定。

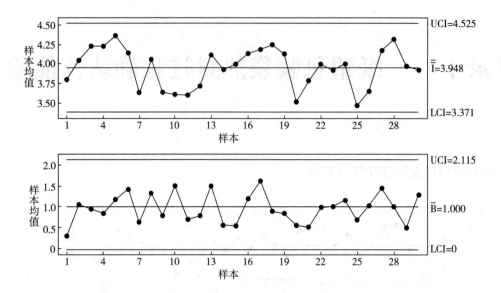

附图 11-3　纸塑袋 1 批次 2 自封边热封强度控制图

结果表明（见附图 11-4）：纸塑袋的目标热封强度为 2.5~5N，此过程能力指数 CP 与 CPK 分别为 1.55 和 1.51，这说明热封过程能力良好，状态稳定。

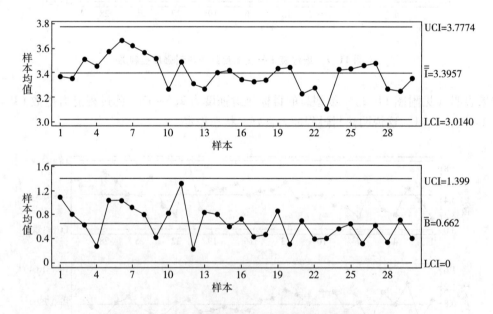

附图 11-4　纸塑袋 1 批次 2 供应商封口热封强度控制图

结果表明（见附图 11-5）：纸塑袋的目标热封强度为 2.5~5N，此过程能力指数 CP 与 CPK 分别为 1.34 和 1.64，这说明热封过程能力良好，状态稳定。

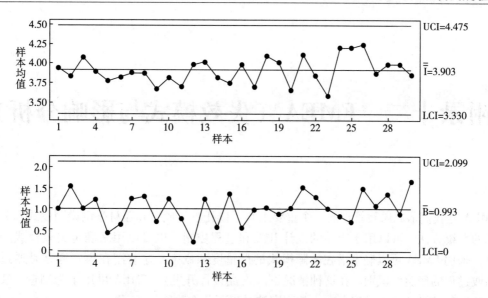

附图 11-5 纸塑袋 1 批次 3 自封边热封强度控制图

结果表明（见附图 11-6）：纸塑袋的目标热封强度为 2.5～5N，此过程能力指数 CP 与 CPK 分别为 1.56 和 1.49，这说明热封过程能力良好，状态稳定。

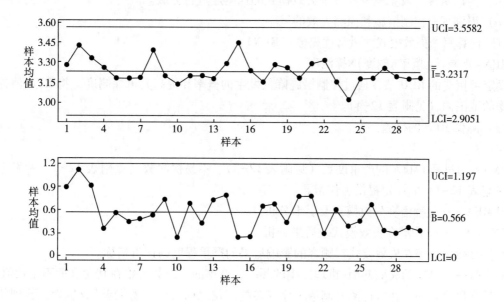

附图 11-6 纸塑袋 1 批次 3 供应商封口热封强度控制图

结果表明（见附图 11-7）：纸塑袋的目标热封强度为 2.5～5N，此过程能力指数 CP 与 CPK 分别为 1.74 和 1.69，这说明热封过程能力良好，状态稳定。

附录十二 FMEA（失效模式与影响分析）

FMEA 是我们形成风险管理的一个重要工具，以托盘的成型和盖材举例说明模式和分析是研究故障的系统方法，可以用于产品的设计开发和过程控制，也可以用来确定失效模式的严重度和概率。采用 FMEA 可以确定潜在故障模式的严重度和概率，这些潜在模式通常是通过以往相似产品或过程的经验而识别。在这种情况下（产品设计开发），FMEA 可用于为制造、装载、密封和包装过程的设备建立过程参数。其程序涉及以下几个阶段：

（a）识别导致产品拒收（失效模式）的缺陷。

（b）确定失效模式的原因和其发生的概率。

（c）确定失效模式的结果。

（d）为严重度、发生概率和每个失效模式的探测度进行分级。

（e）识别现有控制措施和探测失效的概率。

（f）计算每个失效模式的风险优先数（RPN）：

RPN＝严重度×概率(频度)×探测度

设定可接受的 RPU 值，通过控制措施降低发生的概率和提高其可探测度，将 RPU 值控制在可接受的范围内（见附表 12-4）。

（g）降低 RPN 的措施。

注：

PMEA 为过程 FMEA 的严重度数（见附表 12-3）、不易探测数（见附表 12-2）和发生频度数（见附表 12-1）的评定提供工作指导。

PFMEA——过程潜在失效模式及后果分析。

DFMEA——设计潜在失效模式及后果分析。

严重度数——潜在失效模式对顾客的影响后果的严重程度的评价指标。

概率数——具体的失效起因/机理发生的频率，概率的分级数着重在其含义而不是数值。

不易探测度数——在零件离开制造工序或装配工位之前，以"查明起因/机理并找到纠正措施"为控制方法找出失效起因/机理过程缺陷的可能性的评价指标；或以"查明失效模式"为控制方法找出后序发生的失效模式的可能性的评价指标。以统计原理为基础的抽样检查是一种有效的不易探测度控制方法。

PFMEA 编制小组成员（至少包括制造工程师、质量工程师、生产部代表和客户代表）。

附表 12-1 频度（发生率）评估表

发生频度	等级	发生可能性	失效率（QS-比率 O）	QS-PPM	CPK
极高	10	不可避免	1/2	500000	<0.33
	9		1/3	333333	≥0.33

续表

发生频度	等级	发生可能性	失效率（QS-比率O）	QS-PPM	CPK
高	8	反复发生	1/8	125000	≥0.51
	7		1/20	50000	≥0.37
中	6	偶尔发生	1/80	12500	≥0.83
	5		1/400	2500	≥1.0
	4		1/2000	500	≥1.17
低	3	相对很少发生	1/15000	66.7	≥1.33
	2		1/150000	6.7	≥1.50
极低	1	不太可能发生	1/1500000	0.67	≥1.67

附表 12-2　不易探测度（难检度）评估表

难检度	等级	准则
极高	10	不可能找出
	9	很少有机会找出
高	8	极少有机会找出
	7	很少有机会找出
中	6	较少有机会找出
	5	中等机会找出
	4	中上多机会找出
低	3	较多机会能够找出
	2	很多机会能够找出
极低	1	肯定能够找出

附表 12-3　严重度评估表

影响	等级	准则	例如
危险	10	没有失败预兆，影响安全，违反法规	
	9	有失败预兆，影响安全，违反法规	
高	8	生产线严重破坏，产品100%报废	汽车不能运行，丧失基本功能，客户严重不满
	7	生产线破坏，需筛选，产品部分报废	汽车能运行，性能下降，客户不满
中	6	生产线破坏，产品部分报废，不筛选	汽车能运行，舒适/方便性能失效，客户不舒服
	5	生产线破坏，100%产品返工	汽车能运行，舒适/方便性能下降，客户有些不舒服
	4	生产线破坏，需筛选，产品部分返工	轻微不符合，客户多会发现，客户有意见
低	3	生产线破坏，产品部分返工	轻微不符合，一半客户发现，客户略有意见
	2	生产线破坏，产品部分返工	轻微不符合，很少客户发现，客户无意见
无	1	无影响	

附表 12-4　失效模式和影响的分析

过程	功能	失效模式	效应	严重度	原因	概率	控制措施	探测度	RPN	改进措施
成型	托盘成型	成型孔不规则	损害产品	10	机器错误设置	2	漏气测试	2	40	
密封	热封材料	打开的密封	产品完整性	10	机器错误设置	1	漏气测试	3	30	
密封	热封材料	密封有通道	产品完整性	10	材料褶皱	4	目力检测	3	120	
密封	热封材料	密封有通道	产品完整性	10	机器错误设置	4	漏气测试	5	200	
密封	热封材料	密封有斑点	产品完整性	10	机器错误设置	3	目力检测	1	30	
条形码扫描器	包装限制	无法识别	机器无法运行	1	软件错误或打印质量差	1	机器无法运行	1	1	

附录十三　热封曲线分析（过程范围评估）

热封曲线分析是温度、压强和保压时间的矩阵如何影响密封强度的评价。可以通过构建曲线来确定多个参数的影响，一般认为压强和保压时间对密封质量的影响较小。因此，在温度波动时，压强和保压时间作为恒定的参数，通过在某一范围内密封强度满足规范要求建立过程极限。当密封强度超出过程极限时，无菌屏障系统应仍然能保持包装完整性，但密封已能显出可见的缺陷，如附图 13-1 所示。

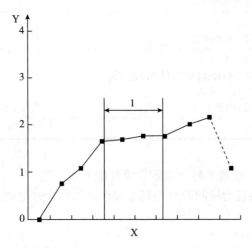

附图 13-1　最优过程参数的热封曲线

注：X—温度；Y—密封强度；1—推荐的过程极限。

1. 目力检测密封外观等级评价

将密封按照在过程范围两侧的缺陷进行分级，高分表示良好的质量。如附表 13-1、附表 13-2 所示。

（1）密封范围下限。

附表 13-1　密封范围下限

等级	缺陷
0	密封打开（未密封）
1	小于密封宽度规定值的 50%（窄封）
2	有斑点密封区域>25%
3	有斑点/斑纹密封区域≤25%
4	密封宽度轻微小于规定的值，有轻微的斑点/斑纹

续表

等级	缺陷
5	密封质量良好

（2）密封范围上限。

附表 13-2　密封范围上限

等级	缺陷
0	聚合物（膜）出现洞
1	焊接的密封聚合物熔化（过封） 托盘边缘严重卷曲变形 在非织物盖子上的聚合物产生严重的透明化 纸基盖子严重的纤维撕裂
2	中度的托盘边缘卷曲 在非织物盖子上的聚合物产生中度的透明化 纸基盖子明显的纤维撕裂
3	密封区有斑点 纸基盖子中度的纤维撕裂
4	托盘边缘轻微卷曲 在非织物盖子上的聚合物产生轻微的透明化 密封区偶尔有斑点/斑纹 纸基盖子轻微的纤维撕裂
5	密封质量良好

2. 热封曲线分析和目力检测密封外观等级评价相结合

热封分析的结果可以与目力检测密封外观等级评价法结合并生成，如附图 13-2 所示。

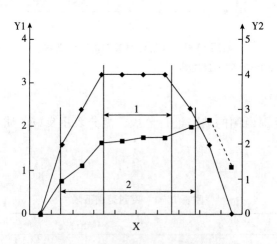

附图 13-2　密封强度和目测质量 vs. 温度

注：X—温度；Y1—密封强度；Y2—密封的目测质量；1—推荐的过程极限；2—推荐的规定极限。

附录十四　染色液穿透法测定透气包装的密封泄漏

1. 适用范围和试验原理

（1）染色液穿透法适用于检测透明膜和透气材料组成的包装密封处大于或等于50μm的通道，并识别出通道位置。

（2）染色液穿透法原理是将染色液局部作用于供泄漏试验的密封边，与染色液接触规定的时间后，目力检查包装上的染色穿透。

2. 设备及工具、材料

天平（万分之一）、10mL注射器、甲苯胺蓝、曲拉通X-100（氚X-1004）、纯化水、烧杯、试管。

3. 染色液配制

（1）表面活性剂。曲拉通X-100（Triton X-100），0.5%（质量百分比）。

用天平称量0.5g Triton X-100，与20mL纯化水混合，搅拌或摇动容器，充分混合。待Triton X-100分散后，再加入纯化水定容至100mL。

（2）染色液。甲苯胺蓝（Toluidine），0.05%（质量百分比）。

用天平称量0.05g甲苯胺蓝，加入混合了Triton X-100的溶液中，搅拌或摇动容器混合均匀，即成0.05%甲苯胺蓝染色液。

由于Triton X-1000比较黏稠，配制时最好用已知皮重容器，内装约所需量10%的水，将相应量的Triton X-100加入水中，搅动或振动使之混合，Triton X-100散开后加入其余的水，最后加入甲苯胺蓝染料。要特别注意的是，配制该染色液时，需要现配现用，保证染色液是"新鲜"的。

4. 试验步骤

（1）试验前对测试样品进行状态调节，建议在温度（23±2）℃和相对湿度（50±2）%的环境下放置至少24h。

（2）向包装内注入足够的染色液，使其能覆盖包装的最长边，深度约5mm（0.25英寸），[①]使染料渗透液与封边保持接触时间最多为5s，按需要旋转包装，使各边接触染色液。如需要，补充染色液，以确保完整覆盖包装边缘。

（3）通过包装的透明面目力检测密封区，看有无泄漏或者通道出现，也可使用5~20倍光学放大镜进行细致检验。

5. 接受准则

在包装透明的一边，用肉眼检测封口区域，即可看见封口区的通道。检查染色液有无透过

---

① 注入方法：可以使用带有软管的注射器通过切口送入染料渗透剂。

密封区到达另一侧或染色液有无通过确定的通道进入密封区内部的迹象。

6. 注意事项

染色液穿透法测试时很容易有假阳性和假阴性情况，测试时需要特别注意以下三点：

（1）染色液穿透法测试的染色液的配置比较关键，标准中明确规定了染色液的配方。甲苯胺蓝的分子粒径较小，便于穿透较小的通道。染色液中加入的 Triton X-100 是一种具有黏性的表面活性剂，既具有表面活性剂的作用，又能有效地减缓毛细作用引起的渗透。经过验证，发现 Triton X-100 比其他的表面活性剂效果更好，所以在配制时不得随意更改染色液成分和/或比例。需要用其他染色液来代替时，标准规定了需要验证其精密度和偏倚。

（2）测试样品中有透气材料，特别是有纤维素纤维的透气材料，当染色液作用于此材料时由于毛细作用也会渗透，容易判断失误造成假阳性。

（3）测试过程中染色液与封边的接触时间也比较重要。YY/T 0681.4-2021 和 ASTM F1929-2015 明确规定了单个封边接触时间最多为 5s，染色液与封边接触时间过长会造成假阳性。

包装密封边的弯曲会造成染色液穿透法测试时的假阳性。医疗器械制造商在包装的设计开发阶段就需要考虑避免医疗器械的整个生命周期中包装密封边的弯折问题。

附录十五　真空泄漏试验

1. 适用范围

真空泄漏试验适用于各类浸在水中材料性能在试验期间不会显著降低的软性材料包装。也可进行经跌落、耐压试验后的试件的密封性能测试。

2. 真空泄漏试验方法原理

真空泄漏试验方法原理是将包装置于一定真空度的环境中观察是否泄漏。根据这个原理又可分为三种试验方法：

（1）将包装置于密封环境的水中，通过抽真空，使浸在水中的试样产生内外压差，观测试样内气体外逸或水向内渗入的情况来判断试样的密封性能。

（2）向试样内部充入试验液体，密封后将试样置于滤纸上，观察试验液体从试样内向外的泄漏情况。

（3）通过对真空室抽真空，使试样产生内外压差，观察试样膨胀以及释放真空后试样形状恢复的情况，以此判定包装的密封性能。

3. 试验装置

试验装置应包括以下部分：

（1）真空室。由透明材料制成的能承受 100kPa 压力的真空容器和密封盖组成。

真空容器用于盛放试验液体和试验样品；密封盖用于密封真空室。抽真空时，密封盖应能保证真空室的密闭性。试验时，真空室内所能达到的最大真空度应不低于 90kPa，并能在 30~60s 由正常大气压力达到该真空度。

（2）试样夹具。用于将试样固定在真空室内的试验液体中，其材质和形状不得对试样性能和试验观测造成影响。

（3）管路。包括与真空源相连的真空管和与大气相通的排气管。两者均应配有阀门。

（4）真空表。用于测量真空室内真空度，其准确度不得低于 1.5 级。

（5）控制装置。包括抽真空开关、真空度调节装置、进气阀门等。

4. 试验步骤

（1）在真空室内放入适量的蒸馏水，将试样固定在试样夹具上，再将其浸入水中。此时，试样的顶端与水面的距离不得低于 25mm（注：只要保证在试验期间能观察到试样的各个部位的泄漏，一次可以试验 2 个或更多的试样）。

（2）盖上真空室的密封盖，关闭排气管阀门，再打开真空管阀门对真空室抽真空。将其真空度在 30~60s 调至下列数值之一：20、30、50、90kPa 等。到达一定真空度时停止抽真空，并保持该真空度 30s。

所调节的真空度值根据试样的特性（如所用包装材料、密封情况等）或有关产品标准的规定确定。但不得因试样的内外压差过大使试样发生破裂或封口处开裂。

（3）观测抽真空时和真空保持期间试样的泄漏情况，视其有无连续且均匀的气泡产生。单个孤立气泡不视为试样泄漏。

（4）打开进气管阀门，使真空室与大气相通，打开密封盖，取出试样，将其表面的水擦净，开封检查试样内部是否有试验用水渗入。

5. 注意事项

（1）在测试过程中需要注意试样顶端与水面的距离不得<25mm。在抽真空的过程中根据试样材料特性及其密封特性需要控制好抽真空的速率和真空度。不得因试样的内外压差过大或抽真空速率过大造成包装的袋体或密封处开裂。观察有无泄漏时，需要有连续且均匀的气泡产生，单个孤立的气泡不视为试样泄漏。

（2）当用于透气性包装时，其材料本身是透气的，测试观察时会出现多个单个孤立的气泡，这种情形不能判定为泄漏。透气性包装测试时也需要控制好抽真空的速率和真空度，否则容易造成密封处开裂或袋体破裂，影响测试结果及结果的判定。

附录十六　内压法检测粗大泄漏（气泡法）

1. 适用范围

气泡法适用于托盘和组合袋包装，对于 $250\mu m$ 以上孔径的检出率为 81%。

2. 试验原理

气泡法的原理是将包装置于水中，在水下对包装充气至预先确定的压力，然后观察包装破损后产生的连续气泡流。

3. 试验仪器

（1）施压压力的系统：有压力检测仪表和限压阀，能提供 $0\sim5kPa$ 的气压。

（2）包装穿孔器：能将空气源或压力检测装置插入包装中。

（3）盛水容器：适用于将试验样品浸没约 $2.5cm$。

4. 试验步骤

对透气性材料和非透气性材料给出了两个不同的试验方法。两个方法的主要差异在于对透气材料给出了浸透时间。

（1）针对非透气性包装。

1）用穿孔器在包装上（尽量位于包装的中央）穿一个孔，孔径大小刚好可以插入空气源和压力监测器，使空气泄漏为最小。如有必要，可用胶带或橡胶垫密封插入部位。

2）将包装浸没在水下约 $2.5cm$，向包装内施加空气。调节气体和限压阀，缓慢对包装充气至大于或等于最小试验压力。必要时，调节限压阀和压力调节器以保持恒压。

3）检验包装上显示破损（密封处通道、针孔、破裂、撕裂等）区域的气泡流，检验时间根据包装大小而定。

4）从水中取出包装，标记所有观察到的破损区域。

（2）针对透气性包装。

要特别注意的是，如果透气性材料在观察到缺陷之前就开始出气，那么可以考虑在试验开始前，对透气材料施加阻隔剂，例如，Alcare 泡沫酒精洗手剂。加阻隔剂的目的是减小透气材料的孔径，从而增加内部试验压力。阻隔剂类型、剂量和施加方法都可能会对试验结果造成影响，需摸索验证。对于已知缺陷的检验，建议使用最小量的阻隔剂。

1）用穿孔器在包装上（尽量位于包装的中央）穿一个孔，孔径大小刚好可插入空气源和压力监测器，使空气泄漏为最小。如有必要，可用胶带或橡胶垫密封插入部位。

2）将包装浸没在水下约 $2.5cm$，并保持至少 5s。调节气体和限压阀，缓慢对包装充气至大于或等于最小试验压力。必要时，调节限压阀和压力调节器以保持恒压。

3）检验包装上显示破损（密封处通道、针孔、破裂、撕裂等）区域的气泡流，检验时间根据包装大小而定。

4）从水中取出包装，标记所有观察到的破损区域。

5. 注意事项

在测试过程中需要注意试样顶端与水面的距离不得<25mm。需要按标准附录的要求确定最小试验压力，然后再向包装内加压，否则包装袋体或密封处可能破损、开裂进而导致测试失败。观察有无泄漏时，需要有连续的气泡流产生。最小试验压力确认方法比较复杂，需要制造缺陷（理想灵敏度缺陷不超过250μm），要求较高，不太容易操作。

附录十七　密封强度试验

一、密封强度

按照 YY/T 0681.2（ASTM F88）《无菌医疗器械包装试验方法　第2部分：软性屏障材料的密封强度》进行试验。

1. 适用范围

密封强度试验适用于软性屏障材料的密封强度测试，也适用于软性材料与刚性材料的密封强度测试，但不适用于两面均为刚性材料的密封强度测试。

2. 试验原理

密封强度测试原理是用两个夹具分别夹住密封部位的两边或两片材料，采用测力仪以恒定的速度分离并记录剥离密封部位所需要的力值。

3. 试验仪器

（1）拉伸试验机；

（2）夹具能恒速分离，并能在200～300mm/min 范围内可调节，且具有测力系统，最好具有描绘曲线的程序；

（3）样品切制器；

（4）将样品切成宽度为15mm、25mm 或 25.4mm，公差应是±0.5%。优先采用15mm 试验宽度。

4. 试验步骤

（1）按制造商推荐的方法对拉伸试验机进行校准。

（2）将试样夹持于拉伸试验机中，样品的密封区应基本位于两夹具的中央。

（3）使夹具中的试样固定在夹具中央，使夹具中试样的密封线垂直于拉伸方向，并保持足够的松弛，使试样在试验开始前不受力。

（4）应在200～300mm/min 的夹具移动速度下对试样进行试验。

（5）对于每一个试验周期，报告样品至破坏所承受的最大力，并识别试验破坏的类型。

5. 注意事项

（1）测试密封强度时，采样宽度一般为公制15mm 或英制1英寸（25.4mm）。材料的夹持方式会影响所测试密封强度的力值。标准规定了三种夹持方式：无支持、90°支持、180°支持。同一测试样品采用不同的夹持方式测试，其结果没有可比性。

（2）密封强度测试时的速度一般设置为（200±10）mm/min。

（3）密封强度测试理想状态是密封部位表面发生黏接性破损，此时测量结果属于密封强度值。当发生密封部位基材破坏、材料分层、材料伸长、远离密封部位出现断裂或撕裂、在密封边缘处出现材料断裂或撕裂时的测量结果不能作为密封强度值，实际的密封强度值大于此测试值。

（4）密封强度测试结果的表达方式一般有两种：一种是记录整个密封区域所有测试力值的最大值，另一种是记录平均值。最大值的数据采集因力学传感器采集频率的不同而有所差异，最大值也仅代表了整个密封宽度上某个点的力值。

二、胀破强度（无约束包装胀破强度和约束包装胀破强度）

按照 YY/T 0681.3-2010《无菌医疗器械包装试验方法　第3部分：无约束包装抗内压破坏》和 ASTM F1140/F1140M-2020《不受约束的包装的内部加压失效阻力的标准测试方法》进行无约束包装胀破强度的测试，按照 YY/T 0681.9-2011《无菌医疗器械包装试验方法　第9部分：约束板内部气压法软包装密封胀破试验》和 ASTM F2054/F2054M-2020《在约束板上使用内部空气加压对软包装密封进行破裂测试的标准测试方法》进行约束包装胀破强度的测试。

1. 适用范围

胀破强度试验适用于各类包装，包括但不限于纸袋、纸塑袋、硬吸塑包装、顶头袋、透气窗口袋、铝箔袋、复铝纸袋。

2. 试验原理

（1）无约束包装胀破强度分为三种测试方法：胀破试验、蠕变实验、蠕变至破坏试验。

①胀破试验原理是对包装内部逐渐加压，直至包装破裂。充气和加压设备要求能维持内部压力增加，直至包装胀破。该试验测试包装胀破前能承受的最大压力。

②蠕变试验原理是对包装内部施加一个规定压力并保压至规定时间，观察包装的状态。

③蠕变至胀破试验原理是对包装内部施加一个稍高于蠕变试验的压力并保持一个合理的时间直至包装失效。

（2）约束包装胀破强度：约束包装胀破强度的原理是将包装置于一个有限的空间（两个刚性平板之间），对包装内持续加压至胀破。在加压过程中，限制包装的膨胀和变形，密封区域及周边区域不受约束。此试验方法旨在模拟在有限的空间内，包装抗内压破坏的能力。

3. 式样准备

（1）无约束包装胀破强度。将样品放置在23℃、50% RH 的环境中48h 以上。

（2）约束包装胀破强度。在温度为（23±2）℃相对湿度为（50±5）%的标准实验室大气条件下对供试包装进行状态调节和试验，试验前至少调节72h。

4. 试验仪器

（1）无约束包装胀破强度。医疗器械包装无约束抗内压破坏试验仪（无约束包装抗内压测试仪）或者泄漏与密封强度测试仪。

（2）约束包装胀破强度。医疗器械包装约束板内压密封胀破试验仪。

5. 试验步骤

（1）无约束包装胀破强度。

1）胀破试验。

①在样品表面的中间部位粘贴密封胶垫，用探针通过密封胶垫并小心地插入试样中，确保探针不会破坏样品的其他部位。

②选择胀破试验模式，按动试验按钮，试验开始，设备向试样内部充填气体使其膨胀，继续充气，直至试样破裂，记录破裂时的压力值、破裂位置等信息。

2）蠕变试验。

按照①中的操作将探针插入试样内，选择蠕变试验模式，设置试验压力、保压时间等参数，按动试验按钮，设备向包装内部充气，当包装内气体达到设定值时，开始计时。记录试验结束后试样是否被破坏及破坏位置。

3）蠕变到破坏。

按照①中的操作将探针插入试样内，选择蠕变至破坏模式，设置试验压力，按动试验按钮，试样内部充气膨胀，待达到设定压力后，设备开始自动计时。记录试样发生破坏的时间。

（2）约束包装胀破强度。

1）开口包装实验。

①将包装置于约束板内，以试验时包装无约束面积最小的方式放置。为了确保所有试验包装的放置具有一致性，建议采用标记或其他方法定位。确保约束板间距大小设置到相应的值。

②将加压管口和传感器插入或放入包装的开口端。

③关闭夹紧装置，使包括加压管口和传感器的包装开口端处具有气密性（见附图 17-1）。

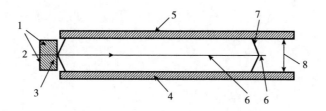

附图 17-1　约束板：开口包装试验装置

注：1—密封包装开口端的夹具；2—气流；3—通过密封夹具插入到包装开口端内的加压和传感器管口；4—下约束板；5—上约束板；6—密封区周边；7—软包装；8—约束板间距。

2）封口后包装试验。

①将包装插入约束板内，关闭约束板（如适用），将约束板调至所需间距。

②将加压管口和传感器仔细插入包装内，粘贴开口，使包装保持气密性。宜将包装的中心点作为压力输入点，这样可将加压管口固定在约束板上（见附图 17-2）。

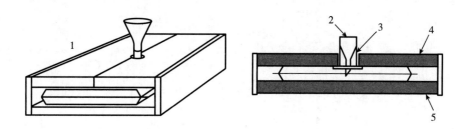

附图 17-2　约束板：封口包装试验装置

注：1—分离板约束夹具；2—充气测头；3—入口；4—下约束板；5—上约束板。

6. 注意事项

（1）无约束包装胀破试验和约束包装胀破试验采用一套测试设备，测试时所使用的辅助夹具不一样。无约束包装胀破试验常用于测试三边密封的敞口包装，一般配置有 12 英寸和 25 英寸两个夹具。测试包装开口内径宽度范围为 60~650mm，某些测试设备可能小于这个范围。当一个四边均密封的包装采用无约束包装胀破试验时可以用专用的工装夹具和密封件刺破包装中心位置密封后测试，也可以剪开一条密封边用夹具夹住后再进行测试。约束包装胀破试验限制平板高度共有三个规格：6.5mm、12.7mm 和 25.5mm，分别测试尺寸不同的包装，在充气后包装与约束板最小接触面积都≥60.73%。

（2）胀破强度测试时包装密封部位和袋体随着压力的增加会慢慢变成曲面，在加压时袋体和密封部位的不同位置所承受的力可能是不同的，所以容易胀破的位置不一定是密封强度最弱的位置。

附录十八　加速老化试验中湿度的选择

例如，贮存环境温度为23℃，环境相对湿度①为50%。假设加速老化试验温度设置为55℃，确定加速老化试验相对湿度的方法如附图18-1所示。先找到图中23℃和50%Rh曲线的交叉点，过该点做一条水平线，再在该水平线上找到与55℃的交叉点，该交叉点在10%Rh以下，再根据该点在0%Rh和10%Rh间的位置按比例确定约为9%Rh。9%的相对湿度即被确定为加速老化试验的相对湿度条件。

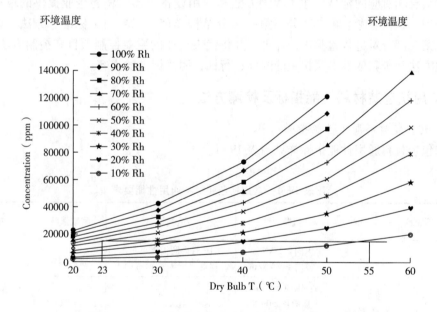

附图 18-1　确定加速老化试验的相对湿度条件的方法

也可以从互联网上下载相关计算软件，用软件确定加速老化试验的相对湿度。例如：Vaisala Humidity Calculator 软件可以方便地提供不同初始温度下湿度到老化温度下湿度的转换。

---

①　环境相对湿度是指实时老化的环境相对湿度，只有以这个湿度值为基础，按照上文5部分内容，换算出加速老化的湿度，并在加速老化试验中保持这个湿度，加速老化的结果才能表征实时老化的结果。如果实时老化的样品是在自然环境下放置，没有湿度的记录，可以查询当地的年平均湿度作为零时刻湿度值。

附录十九 无菌医疗器械初包装的检测

本附录主要从无菌医疗器械初包装材料的性能及检测方法、医疗器械初包装的性能要求及检测方法、医疗器械企业对初包装进货检验的项目评价三个部分进行介绍，引用了相应包装方面的标准作为依据，具体的检测步骤可直接参见标准，进货检验的项目以企业的日常控制指标作为典型提供给各企业作为参考。

其中第一部分主要以表格的形式进行描述，将常用的初包装材料性能指标及检测方法进行了汇总，并结合相对应的标准简述了检测方法和常用设备仪器，将各企业提供的设备以图片的形式进行呈现，以供参考。第二部分与第一部分结构类似，以项目、标准、方法、设备来呈现主要内容。第三部分对进货检验进行评价，并将代表企业的主要控制项目和控制方法进行描述，具体的检测方法和步骤依然参照相关的国标、行标、团体标准的内容。

一、常用初包装材料性能指标及检测方法

1. 常用初包装材料通用性能指标

常用初包装材料通用性能指标详见附表 19-1。

附表 19-1 常用初包装材料通用性能要求

材料类型 检测项目	不脱色	克重	抗撕裂性	透气性	耐破强度	抗张强度
复合膜	—	—	纵向≥25kN/m 横向≥30kN/m	1h后内圆筒无可见移动（允差为±1mm）	—	—
纸	是	标称值±5%	a：纵向≥550mN 横向≥550mN b：纵向≥300mN 横向≥300mN	a：≥3.4μm/（Pa·s） b：≥0.2μm/（Pa·s）	a：≥230kPa b：≥200kPa	a：纵向≥4.4kN/m 横向≥2.2kN/m b：纵向≥4.0kN/m 横向≥2.0kN/m
涂胶纸	是	标称值±7.5%	纵向≥300mN 横向≥300mN	[0.2~6.0] μm/（Pa·S）	≥200kPa	纵向≥4.0kN/m 横向≥2.0kN/m
闪蒸法 非织造布	是	标称值±7%	纵向≥1000mN 横向≥1000mN	≥1μm/（Pa·S）	≥575kPa	纵向≥4.8kN/m 横向≥5.0kN/m
涂胶闪蒸法 非织造布	是	标称值±15%	纵向≥1000mN 横向≥1000mN	≥0.3μm/（Pa·S）	≥575kPa	纵向≥4.8kN/m 横向≥5.0kN/m

注：a代表纸袋、组合袋和卷材生产用纸；b代表用于低温灭菌过程或辐射灭菌的无菌屏障系统生产用纸。

2. 常用初包装材料专用性能指标

常用初包装材料专用性能指标详见附表 19-2。

附表 19-2 常用初包装材料专用性能要求

材料类型	检测项目	指标要求
纸/涂胶纸	荧光亮度	≤1%
	疏水性	穿透时间≥20s
	吸水性	不大于 20g/m²
	湿态耐破度	不小于 35kPa
	湿态抗张强度	纸袋、组合袋和卷材生产用纸纵向≥0.8kN/m，横向≥0.45kN/m
		用于低温灭菌过程、环氧乙烷或辐射灭菌的无菌屏障系统生产用纸或涂胶纸纵向≥0.8kN/m，横向≥0.4kN/m
	最大等效孔径	纸袋、组合袋和卷材生产用纸 10 个试件的平均孔径≤35μm，最大值≤50μm
		用于低温灭菌过程、环氧乙烷或辐射灭菌的无菌屏障系统生产用纸或涂胶纸 10 个试件的平均孔径≤20μm，最大值≤30μm
复合膜	抗摆锤冲击能量	应不小于 0.40J
	拉伸强度	纵向、横向均应不小于 20MPa
	断裂伸长率	纵向、横向均应不小于 300%
闪蒸法非织造布	分层系数	应不小于 1N/25.4mm
	静水压	应不小于 1000mm 汞柱
涂胶	胶层质量	制造商标称值±2g/m²
	密封强度	涂胶纸应大于 0.8kN/m（1.20N/15mm），但不能引起纤维撕裂
		涂胶闪蒸法非织造布应大于 0.8kN/m（1.20N/15mm）

3. 常用初包装材料性能检测方法概述

常用初包装材料控制项目检测方法、使用仪器详见附表 19-3。

附表 19-3 常用初包装材料控制项目检测方法、使用仪器

序号	检测项目	相关标准	测试原理/方法及常用设备	设备图示
1	印墨或涂层抗化学性	YY/T 0681.6	检测表层印刷墨层或涂层与化学品（水、乙醇、酸等）是否产生变化	N/A
2	印墨或涂层附着性	YY/T 0681.7	将胶带贴于印墨层或涂层表面以规定速度、规定角度剥离检查附着性	
3	涂胶层重量	YY/T 0681.8	对有代表性的样品进行称重 用一种适合于涂层的溶剂去除涂层，干燥样品并称重，用电子天平称量两者之差即为涂层重量	

序号	检测项目	相关标准	测试原理/方法及常用设备	设备图示
4	微生物屏障分等（透气材料）	YY/T 0681.10	在试验箱内使透气材料样品经受萎缩芽孢杆菌芽孢气溶胶。用滤膜收集穿透透气样品的芽孢并对其计数。用挑战芽孢数的对数值与穿透透气材料芽孢数的对数值之差计算对数降低值（LRV）	
5	塑料膜抗揉搓性	YY/T 0681.12	由一个扭转运动和随后一个水平运动（多种情况）组成，这样对塑料膜重复进行扭转和压缩	
6	塑料膜抗慢性戳穿	YY/T 0681.13	由压力传感器连接穿刺头对塑料膜进行戳穿，测量戳穿所需的力值	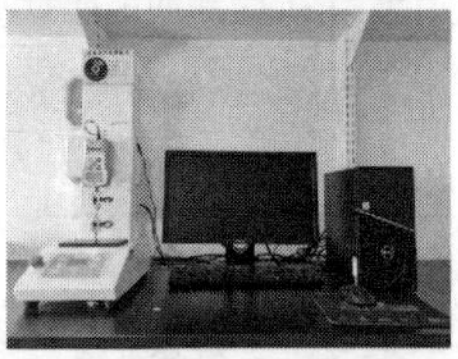
7	微生物屏障试验（透气材料）	YY/T 0681.14	制备菌悬液滴滴加到透气材料上，待滴液干燥后，进行培养以测试是否有微生物穿透到透气材料的另一面；将染菌石英粉加到透气材料上，震动一定时间后，进行培养以测试是否有微生物穿透到透气材料的另一面	 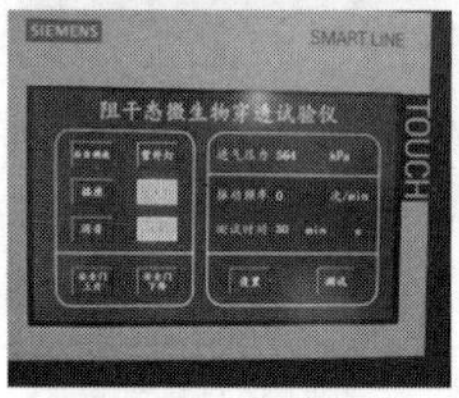
8	脱色试验	ISO 6588-2	热水抽提后目力检验	N/A
9	平方米重量	GB/T 451.2	使用分析天平测量规定面积的重量，换算为 g/m^2	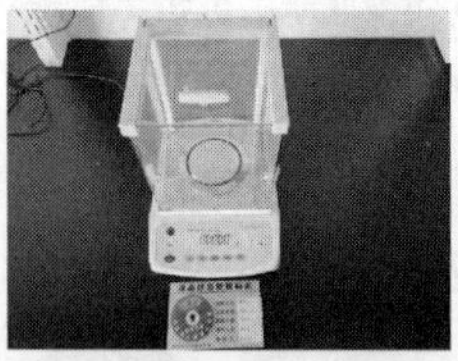
10	pH	GB/T 1545.2	用蒸馏水提取 1 小时，然后用滴定或 pH 计法表述水提取液的酸碱度或 pH 值	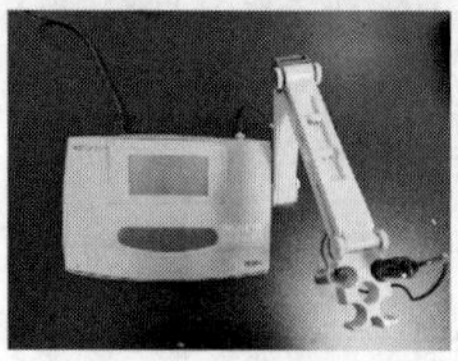
11	氯化物含量	ISO 9197	热水抽提后滴定检验	N/A

续表

序号	检测项目	相关标准	测试原理/方法及常用设备	设备图示
12	硫酸盐含量	GB/T 2678.6	至少用4g的片状样品用100mL的热水抽提1h，过滤抽提液，并用过量的钡离子沉淀其中的硫酸根离子，而过量的钡离子用硫酸锂按电导滴定法来测定	N/A
13	荧光白度	GB/T 7974	通过蓝光漫反射因数测定亮度	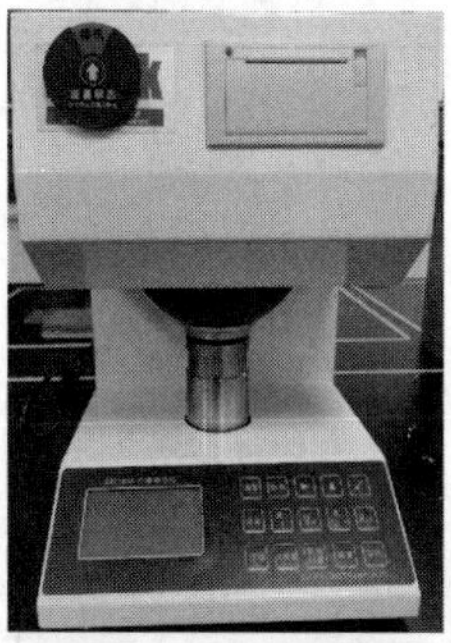
14	表面电阻	GB/T 1410 EN 1149-1	检测材料电阻值	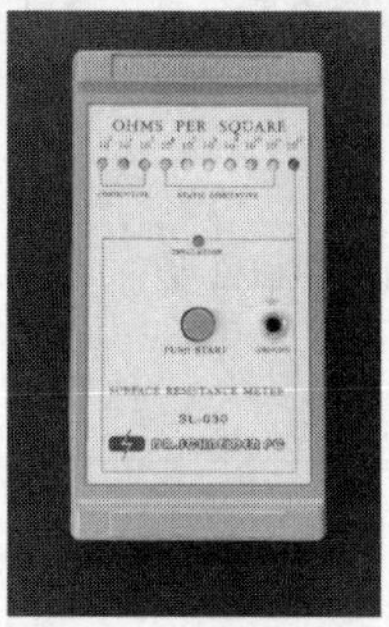
15	撕裂度	GB/T 455	具有规定预切口的一叠试样，用一垂直与试样面的移动平面摆施加撕力，使材料撕开一个固定的距离。用摆动的势能损失来测量在撕裂试验的过程中所做的功	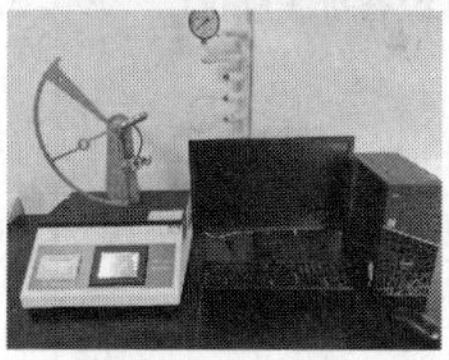
16	透气度	GB/T 458	在单位时间、单位压差下，通过单位面积材料的平均空气流量来计算透气度	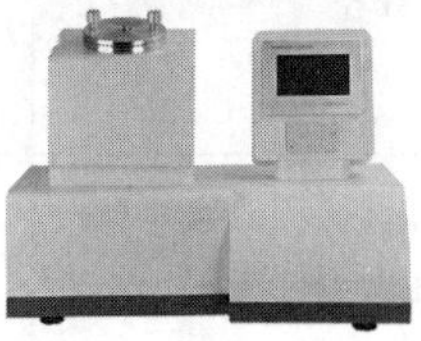
17	干态耐破度	GB/T 454	将试样置于弹性胶膜上，夹紧试样周边，使之与胶膜一起凸起。当液压流体以稳定速率泵入，使胶膜凸起直至破裂时，所施加的最大压力即为试样耐破度	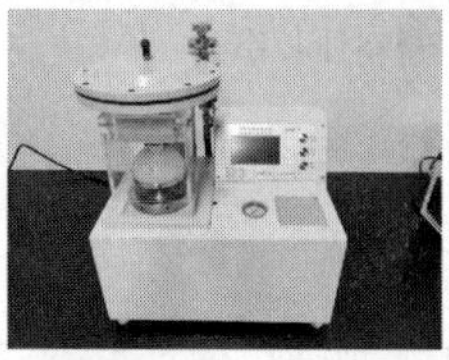
18	湿态耐破度	GB/T 465.1	试样在水中浸泡适当时间后，（将试样置于弹性胶膜上，夹紧试样周边，使之与胶膜一起凸起。当液压流体以稳定速率泵入，使胶膜凸起直至破裂时，所施加的最大压力即为试样耐破度）测定其耐破度	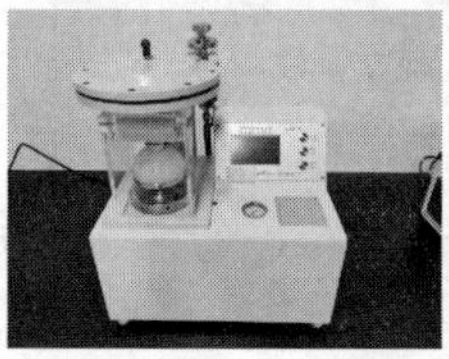

续表

序号	检测项目	相关标准	测试原理/方法及常用设备	设备图示
19	疏水性	YY/T 0698.2 YY/T 0698.3 YY/T 0698.6 YY/T 0698.7 附录A		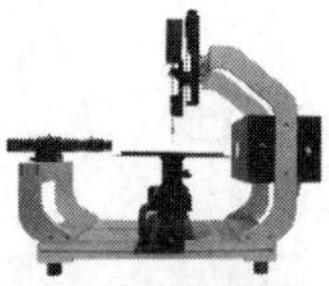
20	最大等效孔径	YY/T 0698.2 YY/T 0698.3 YY/T 0698.6 YY/T 0698.7 附录B		
21	材料下垂	YY/T 0698.2 附录C		
22	干态抗张强度	GB/T 12914	使用测力仪，在恒速拉伸条件下将规定尺寸的试样拉伸至断裂，记录其抗张力	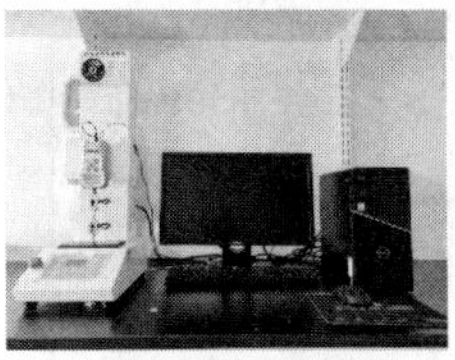
23	湿态抗张强度	GB/T 465.2	试样在水中浸泡适当时间后，使用测力仪，在恒速拉伸速率下将规定尺寸的试样拉伸至断裂，记录其抗张力	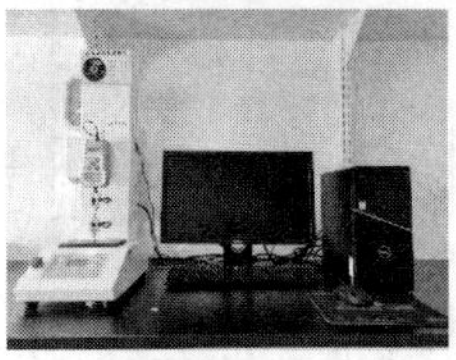
24	吸水性（可勃值）	GB/T 1540	试验前称量试样，当试样的一面与水接触达到规定时间后，吸干试样上的多余水分，并立即称量。以单位面积试样增加的质量来表示结果，单位为克每平方米	
25	断裂伸长率	GB/T 12914	在恒速拉伸速率下将规定尺寸的试样拉伸至断裂前试样的最大拉长长度，记录其拉长长度计算伸长率	
26	疏盐水性	YY/T 0698.2 附录D		
27	悬垂系数	ISO 9073-9	将圆形待测试样水平放置于较试样小的同心圆盘之间，露在外面的织物会沿着下面的圆盘悬垂折面	

续表

序号	检测项目	相关标准	测试原理/方法及常用设备	设备图示
28	扯断因数	ASTM D 882	用拉力计对试样进行拉伸测试，在测试过程中记录样条的受力和拉伸，进而计算抗张强度、断裂伸长率、模量等性能	
29	塑料膜针孔	YY/T 0698.5 附录 B		
30	涂胶层规则性	YY/T 0698.7 附录 C		
31	涂胶纸密封强度	YY/T 0698.7 附录 E YY/T 0698.10 附录 B		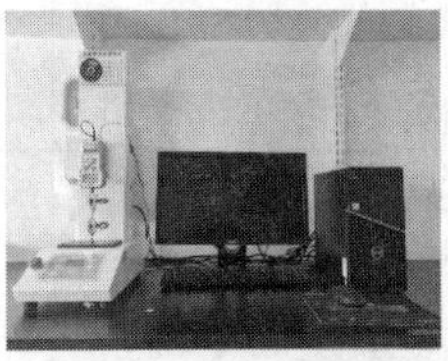
32	分层系数	ASTM D 2724	先将织物按规定距离的位置做好两个标记，并测量其间的长度。然后对其进行干洗或（和）水洗并干燥，最后评定外观与分层，也可测定其结合强度	
33	静水压	GB/T 4744	以织物承受的静水压来表示水通过织物所受的阻力。在标准大气条件下，试样的一面承受一个持续上升的水压，直到有三处渗水为止，并记录此时的压力。可以从试样的上面或下面施加水压，并在报告中注明	
34	塑料膜拉伸强度	GB/T 1040.3	沿试样纵向主轴方向恒速拉伸，直到试样断裂或其应力（负荷）或应变（伸长）达到某一预定值，测定这一过程中试样承受的负荷及其伸长。在拉伸试验过程中，观测到的最大初始应力	
35	塑料膜断裂标称应变	GB/T 1040.3	断裂横梁位移除以夹持距离在给定条件下，确定试样破损数量达到50%的落体质量	

续表

序号	检测项目	相关标准	测试原理/方法及常用设备	设备图示
36	落镖冲击	GB/T 9639.1		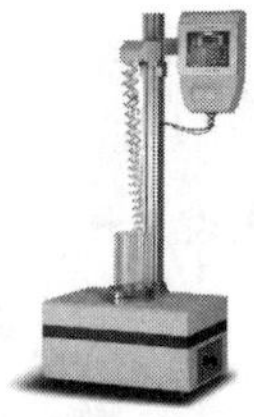
37	穿刺强度	GB/T 10004	将直径为100mm的样品安装在样膜固定夹环上，然后用直径为1.0mm、球形顶端半径为0.5mm的钢针，以50±5mm/min的速度去顶刺，读取钢针穿透试样的最大负荷。 使用测力仪连接特制钢针，刺穿塑料膜记录刺穿时的最大力值	
38	溶剂残留	GB/T 10004	使用气相色谱仪检测 溶剂残留总量≤5，其中苯类不检出	
39	特定化学物质	GB/T 10004 GB/Z 21274 GB/Z 21275 GB/Z 21276	Pb+Cd+Hg+Cv VI≤80mg/kg，也规定了单种材料中镉及镉化合物、铅及铅化合物、汞及汞化合物、六价铬化合物、多溴联苯、多溴二苯醚的技术指标	
40	摩擦系数	GB/T 10006	两试样表面平放在一起，在一定的接触压力下，使两个表面相对移动，记录所需的力，依据记录力值换算摩擦系数	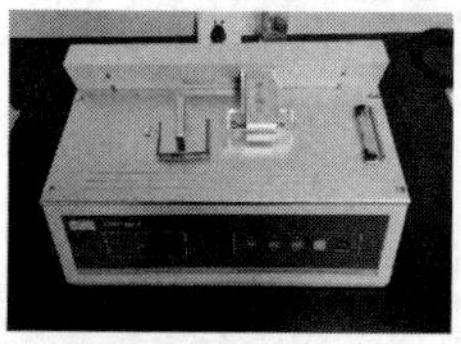
41	透光率和雾度	GB/T 2410《透明塑料透光率和雾度的测定》	用雾度计法和分光光度计法	
42	光泽度	GB/T 8807	使用镜面光泽仪检测	
43	湿润张力	GB/T 14216《塑料膜和片润湿张力的测定》	用一系列表面张力逐渐增加的混合溶液覆盖于薄膜表面，直至混合液恰好使薄膜表面润湿，此时，该混合液的表面张力就近似的作为试样的表面润湿张力	N/A

续表

序号	检测项目	相关标准	测试原理/方法及常用设备	设备图示
44	水蒸气透过量	GB/T 1037	在规定的温度与相对湿度条件下，已定时间范围内试样两侧保持一定的水蒸气压差，测试透过试样的水蒸气质量	
45	气体透过量	GB/T 1038	试样将低压室和高压室分开，高压室充有约 10^5 Pa 的试验气体，低压室的体积已知。试样密封后将低压室内空气抽到接近零值，用测压计测量低压室内的压力增量 ΔP，进一步得到气体透过量和气体透过系数	
46	剥离力	GB/T 8808	对规定的尺寸试样，从黏合基材处剥离测量分离密封样品切条所需力的大小。将规定宽度的试样在一定的速度下，进行 T 型剥离，测定复合层与基材的平均剥离力	
47	直角撕裂力	QB/T 1130	对标准试样施加拉伸负荷，使试样在直角口处撕裂，测定试样的撕裂负荷或撕裂强度	
48	抗摆锤冲击能	GB/T 8809《塑料薄膜抗摆锤冲击测试方法》	将试样固定于试样夹具中，使摆锤式薄膜冲击试验机的冲头在一定速度下冲击并穿过塑料薄膜，测量冲头所消耗的能量	
49	微生物屏障	YY/T 0681.17	气溶胶过滤法气溶胶发生器、粒子计数器、超高过滤器、压力计	

二、常用初包装性能指标及检测方法

1. 常用无菌医疗器械包装测试标准

常用无菌医疗器械包装测试标准见附表 19-4。

附表 19-4　常用无菌医疗器械包装测试标准

序号	标准名称	国内标准	对应的国外标准	评价性能	试验性质	适用范围	表征的意义
1	无菌医疗器械包装试验方法第 1 部分：加速老化试验指南	YY/T 0681.1	ASTM F1980	加速老化	物理试验	材料/无菌屏障系统/保护性包装评价	高分子材料的某些性能随时间的稳定性，模拟实时老化特征

续表

序号	标准名称	国内标准	对应的国外标准	评价性能	试验性质	适用范围	表征的意义
2	纺织品 织物透气性的测定	GB/T 5453	ISO 9237	透气	物理试验	材料	材料的物理性质，灭菌适应性，微生物屏障
3	纸和纸板透气度的测定（肖伯尔法）	GB/T 458	ISO/TS 5636-2	透气	物理试验	材料	材料的物理性质，灭菌适应性
4	纸和纸板定量的测定	GB/T 451.2	ISO 536	克重	物理试验	材料	材料的物理性质，微生物屏障，成本
5	塑料薄膜和薄片样品平均厚度、卷平均厚度及单位质量面积的测定称量法	GB/T 20220	ISO 4591	克重	物理试验	材料	材料的物理性质，微生物屏障，成本
6	纸耐破度的测定	GB/T 454	ISO 2758	耐破度	物理试验	材料	材料的物理性质，力学性能，灭菌适应性
7	无菌医疗器械包装试验方法 第3部分：无约束包装抗内压破坏	YY/T 0681.3	ASTM F1140	耐破度	物理试验	预成型/无菌屏障系统评价	包装完整性检查
8	无菌医疗器械包装试验方法 第9部分：约束板内部气压法软包装密封胀破试验	YY/T 0681.9	ASTM F2054	耐破度	物理试验	预成型/无菌屏障系统评价	包装完整性检查
9	纸和纸板尘埃度的测定	GB/T 1541	TAPPI T 437	洁净度	物理试验	材料/预成型/无菌屏障系统评价	环境污染程度
10	无菌医疗器械包装试验方法 第8部分：涂胶层重量的测定	YY/T 0681.8	ASTM F2217	涂层重量	物理试验	材料	材料的物理性质
11	纸、纸板和纸浆试样处理和试验的标准大气条件	GB/T 10739	ISO 187	环境调节	物理试验	环境调节	试样预处理要求
12	纺织品 织物悬垂性的测定	GB/T 23329	ISO 9073-9	悬垂性	物理试验	材料	材料的物理性质，柔软程度
13	纸和纸板弯曲挺度的测定	GB/T 22364	ISO 2493-2	悬垂性	物理试验	材料	材料的物理性质，柔软程度
14	最终灭菌医疗器械包装材料 第2部分：灭菌包裹材料要求和试验方法（附录B：孔径测定）	YY/T 0698.2	PrEN 868-2	孔径	物理试验	材料	材料的物理性质，微生物屏障
15	最终灭菌医疗器械包装材料 第2部分：灭菌包裹材料要求和试验方法（附录C：测定悬垂性的试验方法）	YY/T 0698.2	PrEN 868-2	悬垂性	物理试验	材料	材料的物理性质，柔软程度
16	塑料薄膜和薄片水蒸气透过率的测定：湿度传感器法	GB/T 30412	ISO 15106-1	透气性	物理试验	材料	材料的物理性质，透湿性能
17	无菌医疗器械包装试验方法 第6部分：软包装材料上印墨和涂层化学阻抗评价	YY/T 0681.6	ASTM F2250	印刷和涂层	物理试验	材料/预成型/无菌屏障系统评价	印刷牢度，标签适应性

续表

序号	标准名称	国内标准	对应的国外标准	评价性能	试验性质	适用范围	表征的意义
18	无菌医疗器械包装试验方法 第7部分：用胶带评价软包装材料上印墨和涂层附着性	YY/T 0681.7	ASTM F2252	印刷和涂层	物理试验	材料/预成型/无菌屏障系统评价	印刷牢度，标签适应性
19	无菌医疗器械包装试验方法 第13部分：软性屏障膜和复合膜抗慢速戳穿性	YY/T 0681.13	ASTM F1306	戳穿性	物理试验	材料	材料的物理性质，抗穿刺性能
20	无菌医疗器械包装试验方法 第2部分：软性屏障材料的密封强度	YY/T 0681.2	ASTM F88/F88M	密封强度	物理试验	预成型/无菌屏障系统评价	间接完整性检查，过程控制手段
21	服装　防静电性能表面电阻率试验方法	GB/T 22042	EN1149-1	静电	物理试验	材料	材料的表面性能，材料的静电水平
22	纸和纸板撕裂度的测定	GB/T 455	ISO 1974	抗撕裂	物理试验	材料	材料的物理性质，力学性能
23	纸和纸板抗张强度的测定	GB/T 12914	ISO 1924-2	拉伸性能	物理试验	材料	材料的物理性质，力学性能
24	塑料薄膜拉伸性能试验方法	GB/T 13022	ISO 1184	拉伸性能	物理试验	材料	材料的物理性质，力学性能
25	纸和纸板厚度的测定	GB/T 451.3	ISO 534	厚度/密度	物理试验	材料	材料的物理性质，微生物屏障，成本
26	无菌医疗器械包装试验方法 第4部分：染色液穿透法测定透气包装的密封泄漏	YY/T 0681.4	ASTM F1929	无菌屏障系统完整性	物理试验	预成型/无菌屏障系统评价	包装完整性检查
27	无菌医疗器械包装试验方法 第5部分：内压法检测粗大泄漏	YY/T 0681.5	ASTM F2096	无菌屏障系统完整性	物理试验	无菌屏障系统评价	包装完整性检查
28	无菌医疗器械包装试验方法 第11部分：目力检测医用包装密封完整性	YY/T 0681.11	ASTM F1886/F1886M	无菌屏障系统完整性	物理试验	预成型/无菌屏障系统评价	包装完整性检查
29	包装运输包装件基本试验　第1部分：试验时各部位的标示方法	GB/T 4857.1	ISO 2206	模拟运输	物理试验	保护性包装评价	随机械事件的稳定性
30	包装运输包装件基本试验　第2部分：温湿度调节处理	GB/T 4857.2	ISO 2203	模拟运输	物理试验	保护性包装评价	随气候的稳定性
31	包装运输包装件基本试验　第3部分：静载荷堆码试验方法	GB/T 4857.3	ISO 2234	模拟运输	物理试验	保护性包装评价	随机械事件的稳定性
32	包装运输包装件基本试验　第4部分：采用压力试验机进行的抗压和堆码试验方法	GB/T 4857.4	ISO 12048	模拟运输	物理试验	保护性包装评价	随机械事件的稳定性
33	包装运输包装件基本试验　第5部分：跌落试验方法	GB/T 4857.5	ISO 2248	模拟运输	物理试验	保护性包装评价	随机械事件的稳定性
34	包装运输包装件基本试验　第6部分：滚动试验方法	GB/T 4857.6	ISO 2876	模拟运输	物理试验	保护性包装评价	随机械事件的稳定性

续表

序号	标准名称	国内标准	对应的国外标准	评价性能	试验性质	适用范围	表征的意义
35	包装运输包装件基本试验 第7部分：正弦定频振动试验方法	GB/T 4857.7	ISO 2247	模拟运输	物理试验	保护性包装评价	随机械事件的稳定性
36	包装运输包装件基本试验 第8部分：六角滚筒试验方法	GB/T 4857.8	ASTMD 782	模拟运输	物理试验	保护性包装评价	随机械事件的稳定性
37	包装运输包装件基本试验 第9部分：喷淋试验方法	GB/T 4857.9	ISO 2875	模拟运输	物理试验	保护性包装评价	随机械事件的稳定性
38	包装运输包装件基本试验 第10部分：正弦变频振动试验方法	GB/T 4857.10	ISO 8318	模拟运输	物理试验	保护性包装评价	随机械事件的稳定性
39	包装运输包装件基本试验 第11部分：水平冲击试验方法	GB/T 4857.11	ISO 2244	模拟运输	物理试验	保护性包装评价	随机械事件的稳定性
40	包装运输包装件基本试验 第12部分：浸水试验方法	GB/T 4857.12	ISO 8474	模拟运输	物理试验	保护性包装评价	随机械事件的稳定性
41	包装运输包装件基本试验 第13部分：低气压试验方法	GB/T 4857.13	ISO 2873	模拟运输	物理试验	保护性包装评价	随机械事件的稳定性
42	包装运输包装件基本试验 第14部分：倾翻试验方法	GB/T 4857.14	ISO 8768	模拟运输	物理试验	保护性包装评价	随机械事件的稳定性
43	包装运输包装件基本试验 第15部分：可控水平冲击试验方法	GB/T 4857.15	ASTM D4003	模拟运输	物理试验	保护性包装评价	随机械事件的稳定性
44	包装运输包装件基本试验 第17部分：编制性能试验大纲的一般原理	GB/T 4857.17	ISO 4180-1	模拟运输	物理试验	保护性包装评价	随机械事件的稳定性
45	包装运输包装件基本试验 第23部分：随机振动试验方法	GB/T 4857.23	ASTM D4728	模拟运输	物理试验	保护性包装评价	随机械事件的稳定性
46	纸、纸板和纸浆水抽提液酸度或碱度的测定	GB/T 1545	ISO 6588	pH	化学试验	材料	材料的化学性能，生物相容性
47	纸、纸板和纸浆水溶性硫酸盐的测定（电导滴定法）	GB/T 2678.6	ISO 9198	硫酸盐	化学试验	材料	材料的化学性能，生物相容性
48	纸、纸板和纸浆水溶性氯化物的测定	GB/T 2678.2	ISO 9197	氯化物	化学试验	材料	材料的化学性能，生物相容性
49	无菌医疗器械包装试验方法 第10部分：透气包装材料微生物屏障分等试验	YY/T 0681.10	ASTM F1608	微生物屏障	生物试验	材料	材料的生物学性能，微生物屏障性能
50	对灭菌医疗器械用包装材料的微生物屏障检验	YY/T 0681.14	DIN 58953-6	微生物屏障	生物试验	材料	材料的生物学性能，微生物屏障性能
51	医疗器械生物学评价 第5部分：体外细胞毒性试验	GB/T 16886.5	ISO 10993-5	细胞毒性	生物试验	材料	材料的生物学性能，生物相容性
52	医疗器械生物学评价 第10部分：刺激与皮肤致敏试验	GB/T 16886.10	ISO 10993-10	致敏	生物性能	材料	材料的生物学性能，生物相容性

续表

序号	标准名称	国内标准	对应的国外标准	评价性能	试验性质	适用范围	表征的意义
53	无菌医疗器械初包装洁净度第1部分：微粒污染试验方法气体吹脱法	T/CAMDI 009.1		微粒	洁净度	材料/预成型无菌屏障系统	环境适用性
54	无菌医疗器械初包装洁净度第2部分：微粒污染试验方法液体洗脱法	T/CAMDI 009.2		微粒	洁净度	材料/预成型无菌屏障系统	环境适用性
55	无菌医疗器械初包装洁净度第3部分：微生物总数估计试验方法	T/CAMDI 009.3		初始污染菌	洁净度	材料/预成型无菌屏障系统	环境适用性
56	无菌医疗器械初包装洁净度第10部分：污染限量	T/CAMDI 009.10		微粒/初始污染菌	洁净度	材料/预成型无菌屏障系统	环境适用性

2. 无菌医疗器械初包装检测项目及检测方法

无菌医疗器械的初包装是无菌医疗器械的重要组成部分，通常作为医疗器械相关生产单位的物料进行检测，检测项目一般包括软性屏障材料的密封强度、无约束包装抗内压破坏等，具体检测项目、检测方法及常用检验仪器设备详见附表19-5。

附表19-5 无菌医疗器械初包装检测项目、检测方法及常用仪器设备一览表

检测项目	相关标准	检测方法	常用仪器设备	仪器设备图片
软性屏障材料的密封强度	YY/T 0681.2	对规定的尺寸试样，测量分离密封样品切条所需力的大小	电子剥离试验机	
无约束包装抗内压破坏	YY/T 0681.3	胀破试验	敞口包装测试仪、封口包装测试仪	
		蠕变试验		
		蠕变至破坏		
密封泄漏	YY/T 0681.4	染色液穿透法	—	N/A
粗大泄漏	YY/T 0681.5	内压法（气泡法）	穿孔器、压力表	

续表

检测项目	相关标准	检测方法	常用仪器设备	仪器设备图片
密封胀破	YY/T 0681.9	约束板内部气压法	充气管口、压力传感装置	
包装泄漏	YY/T 0681.18	真空衰减法	真空衰减泄漏测试仪、压力传感器	
微粒污染	T/CAMDI 009.2 无菌医疗器械初包装洁净度 第2部分：微粒污染试验方法 液体洗脱法	微粒分析法 液体洗脱法	智能微粒检测仪	
	T/CAMDI 009.1 无菌医疗器械初包装洁净度 第1部分：微粒污染试验方法 气体吹脱法	微粒分析法 气体吹脱法	微粒检测仪	
初始污染菌	T/CAMDI 009.3 无菌医疗器械初包装洁净度 第3部分：微生物总数估计	微生物计数法 薄膜过滤法	微生物限度仪或集菌仪	

三、医疗器械制造商进货检验

1. 进货检验的定义/含义

进货检验是指企业购进的来料、外购配套件和外协件入厂时，由专门的质检人员按照规定的检验内容、检验方法及检验数量进行的检验，是确保所采购物品满足其产品生产质量要求的重要措施。

2. 进货检验的目的

确保未经检验或验证合格的来料、外协件及供方提供的物品不投入使用或加工，防止不合格物料进入生产流程，保证过程产品符合规定要求。

3. 进货检验的形式

进货检验包括首件（批）样品检验和成批进货检验两种。

4. 成批进货检验

成批进货检验可根据所采购物品对产品实现或最终产品的影响程度进行 A、B、C 分类，A 类是关键的，必检；B 类是重要的，可以全检或抽检；C 类是一般的，可以实行抽检或免检。

5. 进货检验流程

原料库/中转库接到来料时，由库管员核对送货单/入库单，无误后放置待验区待验，填写《检验通知单》，同时通知相关来料检验员进行检验，来料检验员依据《检验通知单》核对信息并进行随机抽样，抽样数量和项目按照检验规程执行（有洁净度要求的物料应在同级别洁净区抽样，生化项检验所需样品需双层密封包装并标识清楚转出洁净区），对来料合格与否进行判定，填写检验记录或报告。未经检验或检验不合格的来料，不得入库，按《不合格品控制程序》执行，检验合格由库管员办理入库。

6. 进货检验项目及试验方法

（1）检验项目。外观。

1）验收标准。洁净，无破损、变形等影响使用的缺陷。

2）试验方法。正常视力或借助放大镜距离样品 30~45cm 目视检查。

3）设备仪器。

4）注意事项。

①有标识信息的，需按照图纸核对信息无误且无影响阅读的缺陷；

②塑料硬片和吸塑盒需检查适配性，确保可用；

③有划痕、褶皱、封口不齐的组合袋及有气泡、针眼、焊接面不平整的吸塑盒影响使用；

④脏污、变色或者擦拭后脱色影响使用；

⑤检查包装袋易撕扣标识和吸塑盒易撕口凸起及模腔号（如有）。

（2）检验项目。规格尺寸。

1）验收标准。符合图纸要求。

2）试验方法。通用量具测量。

3）设备仪器。游标卡尺、钢直尺、千分尺、测厚仪（见附图 19-2）、数显高度尺（见附图 19-1）等。

附图 19-1　数显高度尺

附图 19-2　测厚仪

4）注意事项。

①根据物料指标选择量程、精度合适的测量工具；

②盖材需测量长宽和厚度，组合袋和吸塑盒还需要测量封边宽度。

（3）检验项目。微粒污染。

1）验收标准。产品技术要求或物料检验规程。

2）试验方法1：气体吹脱法（见附图19-3）。

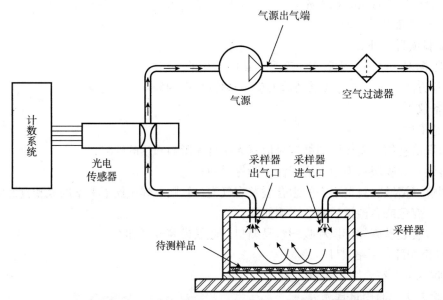

附图 19-3　气体吹脱法微粒测试仪结构组成及工作原理

适用对象。卷筒纸、涂布纸、卷筒膜、涂胶闪蒸法非织造布、非涂胶闪蒸法非织造布、袋子、盖材、硬质片材。

限量标准（见附表19-6）。

附表 19-6　初包装材料微粒污染限量要求（气体吹脱法）

器械类别	表面接触器械	外部接入器械	植入器械
初包装清洁指数	≥4.50	≥5.00	≥5.50

最少样本量：

成卷物料：≤1000米，抽样10米；1001~5000米，抽样15米；≥5001米，抽样20米。

计件物料：≤1000个，抽样10个；1001~5000个，抽样15个；≥5001个，抽样20个。

设备仪器：钢板尺、裁样器、包装材料微粒测试仪。

试验步骤：

参见 T/CAMDI 009.1-2020《无菌医疗器械初包装洁净度 第1部分：微粒污染试验方法气体吹脱法》。

注意事项：

①样品需保持平整，不皱不折，避免环境气流过大或湿度波动影响原有微粒的迁移或变化。

②手只能触摸样品的非测试面，应尽量避免影响试样上原微粒的分布状态。

③每件试样应做上标记，标记要清楚，且应准确地标明正反面。

④取样后双层密封包装；包装袋应在和样品一致的环境要求下制备。

⑤吸塑盒内壁平面部分的大小应满足仪器测试头的测试要求，若内壁凹凸太多，建议采用水洗法制备试样，使用光阻法计数器进行测量。

⑥设备的采样面积应不小于 $10cm^2$，试样大小应大于采样器；采样流速应恒定，采样时气体速度不低于 10L/min 且不高于 50L/min；取样时间应不低于 5s。

⑦测试环境（净化室、层流间或与样品生产等同环境），以排除环境对测试结果的影响。

⑧更换不同测试材料，需重做空白测试。

⑨如试样数量不能满足测试要求时，同一组数据可以来自同一试样的不同测试区域，不同组数据必须来自不同的试样。

3）试验方法2：液体洗脱法（见附图19-4）。

附图 19-4 微粒分析仪

适用对象：不规则吸塑盒、容器类初包装。

限量标准（见附表19-7）：

附表 19-7 初包装材料微粒污染限量要求（液体洗脱法）

器械类别	表面接触器械	外部接入器械	植入器械
初包装污染系数	≤15.0	≤10.0	≤5.0

最少样本量：≤5000 个，抽样 5 个；≥5001 个，抽样 10 个。

设备仪器：

微粒分析仪、量筒、烧杯、胶带、振荡器。

试验步骤：

参见 T/CAMDI 009.2-2020《无菌医疗器械初包装洁净度 第2部分：微粒污染试验方法液体洗脱法》。

注意事项：

①尽量按照样品内表面积 1cm² 配 1mL 冲洗液制备检验液。

②试样容积小于测试仪器用水量时，可一次测试多对试样。

③需静置片刻，待采样杯内气泡消失后方可开始空白测试和样品测试。

（4）检验项目：初始污染菌。

1）验收标准：物料检验规程。

2）试验方法：2020 版药典四部通则 1105 微生物计数法薄膜过滤法。

3）限量标准（见附表 19-8）：

附表 19-8　初包装材料微生物总数限量要求

器械类别	表面接触器械	外部接入器械	植入器械
需氧菌总数	≤10cfu/100cm²	≤5cfu/100cm²	≤3cfu/100cm²
霉菌和酵母菌	<1cfu/100cm²	<1cfu/100cm²	<1cfu/100cm²

最少样本量：完成一次检验最少需要 3 个。

最少检验量：洗脱表面积应不小于 100cm²。

当样品数量不能满足最少检验量要求时，应适当增加取样数量。

设备仪器：超净工作台、生物安全柜、电热干燥箱、pH 计、恒温培养箱、霉菌培养箱、立式灭菌器（见附图 19-7）、冰箱、天平、集菌仪或微生物限度仪（见附图 19-5、附图 19-6）、菌落计数器（如有）、磁力加热搅拌器（如有）等。

附图 19-5　集菌仪

附图 19-6　微生物限度仪

附图 19-7　立式灭菌器

器具：烧杯、量筒、带塞三角瓶、带塞试管、酒精灯、手术剪刀、培养皿、刻度吸管、无菌镊子、无菌剪刀、放大镜等。

试剂：胰酪大豆胨琼脂培养基、沙氏葡萄糖琼脂培养基、0.9%无菌氯化钠溶液、0.1%无菌蛋白胨水溶液、pH7.0无菌氯化钠—蛋白胨缓冲液。

4）注意事项。

①应尽可能地使用整个产品进行生物负载评估，若所用的样品份额小于一个完整的产品单元，则应选择代表产品单元的具有微生物的部分（与医疗器械直接接触的部位）。

②抽取的样品必须保存在洁净包装袋内（其生产环境应不低于样品的生产环境）。

③样品分割应在净化条件下进行，以免污染样品。

④供试液应在 2 小时内进行测试。如不能当天完成测试，应在测试当日重新取样。

⑤回收率小于50%，本试验方法可能不适用于被测试样品。

⑥若需测试霉菌和酵母菌总数时，取样量和供试液量均需要翻倍。

⑦必要时，可稀释供试液。

（5）检验项目：阻菌性。

验收标准：物料检验规程。

试验方法 1：湿态阻菌试验。

设备仪器：生物安全柜、生化培养箱、移液枪、阻湿态微生物穿透试验仪（如有，见附图 19-8）、细菌浊度仪、电热干燥箱等。

附图 19-8　阻湿态微生物穿透试验仪

菌种试剂：金黄色葡萄球菌、胰酪大豆胨琼脂培养基、0.9%无菌氯化钠溶液、血琼脂平板。

试验准备：

①将待检样品裁剪成50mm×50mm的样片，共裁剪7份，装入塑料包装袋内，双层密封，灭菌备用。

②取三个比色管，分别加入10mL、10mL、9mL的0.9%的无菌氯化钠溶液，湿热灭菌备用。

③取金黄色葡萄球菌菌种扩大培养至胰酪大豆胨琼脂培养基，菌落生长良好备用。

试验步骤：

参见 YY/T 0681.14-2018《无菌医疗器械包装试验方法 第14部分：透气包装材料湿性和干性微生物屏障试验》。

注意事项：

①样片灭菌方法可参考产品灭菌方法；

②试验前样片应在（23±1）℃、（50±2）%的条件下状态调节24小时；

③样片应确保干燥、平整，湿的样片可能导致虚假结果；

④操作应规范，保持每个液滴互不触碰，间隔均匀，并且不能流至培养皿内。

试验方法2：干性微生物屏障试验。

设备仪器：圆盘裁样器（直径20mm）、蒸汽灭菌器、冰箱、生化培养箱、滤纸、阻干态微生物屏障仪等。

菌种试剂：染菌石英粉（粒径0.004~0.15mm、萎缩芽孢杆菌含量106cfu/mL）、胰酪大豆胨琼脂培养基、硫酸锰。

试验步骤：

参见 YY/T 0681.14-2018《无菌医疗器械包装试验方法 第14部分：透气包装材料湿性和干性微生物屏障试验》。

注意事项：

①样片灭菌方法可参考产品灭菌方法；

②试验前样片应在（23±1）℃、（50±2）%的条件下状态调节24小时。

（6）检验项目：密封强度。

验收标准：物料检验规程。

试验方法：剥离试验。

试验对象：软性材料和刚性材料之间形成的密封边的检验。

设备仪器：裁刀、电子剥离试验机等。

试验步骤：

参见 YY/T 0681.2-2010《无菌医疗器械包装试验方法 第2部分：软性屏障材料的密封强度》。

注意事项：

①试验前样片应在（23±1）℃、（50±5）%的条件下状态调节40小时。

②样条应统一规格，一般制15×76试条，需与国际标准对标时，制备25.4×76试条。

③不可使用密封处变形、皱缩和灼穿的样条进行测试（见附图19-9、附图19-10、附图19-11）。

④夹持方式一旦确定，请勿更改，以保持结果的一致性（见附图19-12）。

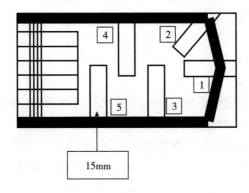

附图 19-9　组合袋取样示例

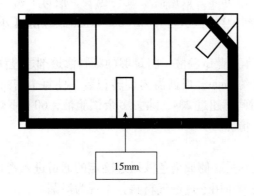

附图 19-10　托盘+盖材取样示例

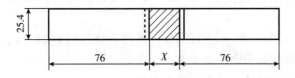

附图 19-11　窗口袋取样示例

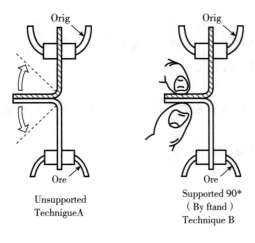

附图 19-12　三种夹持方式示例

⑤确保样条在试验开始前不受力。

（7）检验项目：密封泄漏。

验收标准：物料检验规程。

试验方法：染料穿透试验。

试验对象：膜和透气材料之间形成的密封边的检验（≥50μm通道）。

仪器：50mL带针注射器、秒表、放大镜。

试剂：甲苯胺蓝实验液（0.05%甲苯胺蓝、0.5%曲立通X-100、99.45%注射用水）。

试验步骤：

①透明包装袋。

用50mL注射器吸取甲苯胺蓝试验液，将足够的染料渗透剂通过注射用针穿刺注入被检样品中，覆盖最长的封边，深度约5mm，根据需要旋转包装，使每个密封边缘暴露于染料渗透溶液中，在5~10倍放大镜下观察染料渗透和剥离情况。每侧观察5s，总观察时间不超过20s。

②不透明包装袋。

用50mL注射器吸取甲苯胺蓝试验液，将足够的染料渗透剂通过注射用针穿刺注入被检样品中，覆盖最长的封边，深度约5mm，根据需要旋转包装，使每个密封边缘暴露于染料渗透溶液中，每侧观察5s，总观察时间不超过20s，除去多余试验液，60℃下烘15min后，在5~10倍放大镜下观察染料渗透和剥离情况。

结果判定：

①染色液透过密封区到达另一侧或染色液通过确定的通道进入密封区的内部，应判为泄漏。

②染色液通过表面的毛细作用透过透气材料，不视为泄漏。

注意事项：

①透气材料若为无涂胶纸则慎用该方法，不透明包装与染色液若无明显色差则不适用该方法。

②试验前样片应在（23±1）℃、（50±2）%的条件下状态调节24小时。

③在实验时注意染料试剂不要加得太多。

④操作时不要随意折叠样品，以免造成假阳性。

（8）检验项目：包装密封完整性。

验收标准：物料检验规程。

试验方法：目力测试试验。

试验对象：至少一面为透明的密封边的检验（≥75μm通道）。

设备仪器：540 lx照度光源、记号笔、放大镜等。

试验步骤：

①按抽样方案取样，正常视力或借助放大镜距离样品30~45cm观察密封区域的完整性和一致性。

②识别通道和缺陷的部位和数量，并标记。

常见缺陷：

①未密封/开胶（白片）。

②通道/欠封（斑点/斑纹）。

③褶皱/重叠/破裂。

④过焊/裂纹（透明）。

⑤撕裂/小孔。

⑥封边过窄。

7. 评价

无菌医疗器械初包装材料固有特性，如克重、抗张强度、厚度差、抗撕裂性、透气性、耐破强度、溶出物、生物相容性、涂层连续、涂层质量、模腔号、结构可用性等，一经设计验证符合产品无菌屏障防护及可用性要求，满足包装标识、灭菌、贮存、运输适应性，该材料特性即被确定下来。一般通过与供应商签订质量协议，验收供方检验报告进行控制，不必批批检验。除非所用材料或供方工艺有重大变化，可能影响无菌医疗器械安全、有效，则重新进行验证。

由于供方生产过程中不确定性因素可能导致无菌医疗器械初包装材料外观、标识、尺寸、阻菌性、微粒污染和微生物负载等检验项目一致性不良，因此，为保证无菌医疗器械产品性能和生产效能，常在其入厂时，进行来料抽检。

生产过程中，可通过首件确认及成品抽检，检验无菌医疗器械初包装密封完整性、破坏性开启、密封剥离强度；过程巡检监视初包装工艺运行参数，配合工序目测全检，保证密封部位连续、均匀、完整及标记系统信息无误。

附录二十　运输容器和系统的性能试验

运输容器和系统的性能试验参照 YY/T 0681.15《无菌医疗器械包装试验方法　第 15 部分：运输容器和系统的性能试验》。

1. 适用范围

模拟运输试验通过获取产品实际的物流环境条件，然后选择合适的测试项目和严酷等级开展测试，可优化产品包装，避免运输过程造成包装破损从而造成产品损坏，也避免了因过度包装而造成的浪费。

2. 常见模拟运输试验项目

常见模拟运输试验项目见附表 20-1。

（1）振动测试。

模拟运输过程中对包装以及产品的冲击，常用的振动类型有正弦振动和随机振动。前者主要用于设计开发阶段寻找共振点，后者则用于模拟实际运输环境产生的振动危害。

（2）冲击测试。

模拟运输过程中包装抵抗冲击的能力，实际运输中冲击力一般发生时间短，冲击力度大，对包装和产品的破坏性较强，故跌落测试对包装系统抗缓冲能力有较高的要求，涉及角、棱和面方面的试验。

（3）堆码测试。

在仓库或运输过程中都会堆码，且时间长、高度高，堆码测试主要用于评估包装的耐压能力。

（4）斜面冲击测试。

模拟运输过程中车辆突然制动等导致包装件和/或挡板撞击的情况，评估包装材料对产品的保护能力。

（5）低气压测试。

模拟海拔较高或空运时环境气压较低的情况对包装的危害。

（6）温湿度测试。

模拟运输过程中温度和湿度变化对包装的影响。不同的包装材料对温度和湿度的敏感性不同，如纸箱对温度和湿度都比较敏感，塑料材料对温度敏感性较大，木质和金属材料对短时间的温度和湿度变化都不敏感，但对长时间的温度和湿度变化比较敏感。

附表 20-1　常见模拟运输试验

测试名称	测试项目及负载参数	参考标准
低频振动试验	频率 4-5Hz，峰值 A=2.5mm 面 3、1、2、5 各 2、1、1、1 小时	DIN-EN22247

续表

测试名称	测试项目及负载参数	参考标准
随机振动试验	公路运输：面3、1、2、5 各2、1、1、1小时	MILSTD 810E
	空运：面3、1、2、5 各6、2、2、2小时	ASTM D4728
连续冲击试验	半正弦脉冲7g、20ms，12g、8ms 面3、1、2、5各3、3、3次冲击	DIN-30786
自由跌落试验	跌高800mm，箱角3-4-5， 棱3-5、3-4、4-5， 面3、4、5	DIN-EN22
堆码试验	堆高2.5m，1000kg/m²	DIN-EN22874

3. 包装各部位的标示

试验前应对样品各部位进行标示，如附图20-1所示，将包装按照运输时的状态放置，使其一端的表面对着测试者，上表面标示为1，右侧面为2，底面为3，左侧面为4，近端面为5，远端面为6。棱由组成该棱的两个面的号码标示。角由组成该角的三个面的号码标示。

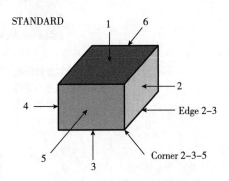

附图 20-1　包装各部位的标示

4. 试验仪器

试验仪器见附表20-2。

附表 20-2　试验仪器

序号	试验进程	试验方法	水平
1	A 人工搬运 跌落试验	GB/T 4857.5 （ASTM D5276）	1次顶端跌落，2次邻近底棱跌落，2次底角的对角跌落，1次底部跌落，跌落高度为330mm（13in）

序号	试验进程	试验方法	水平
2	C 车辆堆码 压力试验机堆码试验	GB/T 4857.16 （ASTM D642）	压力至 2627N（591 lb）（M_2 10.0lb/ft，H＝54in.F＝7.0）
3	F 松散负载振动 定频和变频振动试验	GB/T 4857.7 GB/T 4857.10 （ASTM D999 方法 A1 或 A2）	底部 20min，两个相邻侧面各 10min
4	E 车辆振动 随机振动试验	GB/T 4857.23，MOD （ASTM D4728 方法 A 或 B）	公路：功率普照密度水平 PSD，0.52grms，持续 60min，对三个相邻侧面分别进行。 航空：功率普照密度水平 PSD，1.05grms，持续 120min，对三个相邻侧面分别进行
5	I 低气压试验 （产品上有透析纸的免做）	GB/T 4857.13 （ASTM D 6653）	59.5kPa（绝对压力），60min

续表

序号	试验进程	试验方法	水平
6	A 人工搬运 跌落试验	GB/T 4857.5 （ASTM D5276）	1 次沿垂直棱跌落，相邻两个侧面跌落 2 次，1 次顶角跌落，1 次相邻顶棱跌落，以上 3 跌落高度为 330mm（13in），1 次底部跌落，跌落高度为 660mm（26in）

5. 试验方法

（1）试验参数设置。

设定无菌医疗器械包装为单包装运输型，零担运输，运输环境采用保证水平Ⅱ，内装产品均无破损，在 23℃、50% 的 RH 条件下完成 72h 调节。

（2）人工搬运。

模拟无菌医疗器械人工搬运（装、卸、堆码、分拣或托盘装载等）对包装或产品造成的破坏程度。危险源主要是跌落或扔掷引起的冲击。试验方法采用 ASTM D5276。将样品固定在跌落试验机上，设定跌落高度为 380mm，进行第一进程的人工搬运试验，分别进行 1 次顶部跌落，2 次相邻的底棱跌落，2 次相对的底角跌落，1 次底部跌落。

（3）运载堆码。

堆码试验主要是用于测定运输单元承受存储或运输中压缩载荷的能力，包装运输方式设定零担运输，设定运载堆码 F 系数为 7.0，参考 ASTM D4169 中公式 3 计算得出加载载荷为 262N，以（12.7±2.5）mm/min 的速率恒速加压至 262N，持续 3s 后去除载荷。

（4）无约束振动。

ASTM D999 中指出无约束振动可分为垂直振动和旋转振动。本研究中采用垂直振动方法，将样品置于振动试验机上，试验样品重心点的垂直位置应尽可能地接近振动台面的几何中心，在振动台的四周设围栏防止样品滑落。设置相关参数：振动频率为 2~5Hz，双振幅 25mm，下面连续完成 20min 振动，左右两侧各完成 10min 振动，振动至样品与试验台分离，振动高度以可以从样品底部移动厚度为 1.6mm 标准量具为准。

（5）低气压试验。

低气压试验用于模拟对低气压环境敏感的产品和包装的试验。如低气压环境会对密封的不透气软包装、容装液体的容器或因其包装形式产生影响，从而对产品产生不利影响；高海拔运输时低气压对透气性包装在承受压力降低的能力。当车辆经过山口、高原运输或产品在非增压仓飞机内运输时可认为是高海拔情况，以上情况运输时气压变化会影响上述包装或产品。通过低气压试验可以判断软包装或透气性包装是否在低气压下仍保持其密封性，从而降低运输过程中出现破损、泄漏情况。

试验方法可以采用 ASTM D6653/D6653M，将样品置于低气压试验箱中，设置气压为

59.5kPa（对应于海拔 4267m 处的大气压），保持 60min 后取出样品。

（6）运载振动。

振动有两种试验方法可供选择：随机振动和正弦振动。随机试验方法能更好地模拟实际运载振动环境，是优先选择的方法，随机振动试验可根据功率谱密度曲线在振动试验机上进行模拟。正弦振动是实验室中经常采用的方法，共振在运输过程中对包装的损坏极大，正弦试验方法常与随机方法联合使用，作为确定和观察系统共振的手段。

将样品置于振动台面的中心，随机振动试验根据 ASTM D4169 中的表 2 给出的试验方案在低水平、中水平和高水平分别振动 40min、15min 和 5min，然后再用该标准表 4 给出的航空运输保证水平 II 振动 120min。正弦振动试验方法采用 ASTM D999，在 3～100Hz 重复进行 2 次正弦扫频，加速度为 0.5g，扫描速率为 0.5 倍频程。试验结束后，从振动试验机得到的图谱中选取四个共振点，共振频率分别为 23.8Hz、24.6Hz、26.6Hz 和 49.0Hz，然后将样品置于振动试验机台面的中心，在每个共振点上再持续振动 10min。

（7）集中冲击。

集中冲击用于评价单瓦楞包装对于包装器械抵抗运输、搬运过程中发生外源性集中冲击的能力，同时也可评价包装箱壁和其内装物之间是否有足够的间隙或支撑。抗集中冲击能力的试验方法按 ASTM D6344 执行，冲击高度为 0.8m，在包装箱面 1 的中部垂直冲击 1 次。

（8）人工运输等试验。

本次搬运试验为流通周期的最后一个试验进程。按标准要求进行 1 次垂直棱跌落，2 次相邻两个侧面跌落，1 次一个顶角跌落，1 次一个相邻顶棱跌落。以上 5 次跌落高度为 380mm。最后 1 次底部跌落，跌落高度为 760mm。

举例一：

如测试封装商用产品。在托运人的路线中，首先考虑货物的适当价值和数量。

测试不能损害产品，并且软件包必须处于良好状态。存储和装运时，纤维板包装的产品重 160lb（73kg），48min；长 1.2m，20min；宽 0.5m，24min；高 0.6m，堆叠 2 高托盘。客户商店托盘在地板上负荷为 2。该产品不支持任何负载。试验方案见附表 20-3：

附表 20-3 试验方案

序列	试验方案	试验方法	分级
1	A 装卸机械	D6055 方法 A	拿起，围绕测试的运输，卸载，5 个周期
		D880 程序 B	横向影响四面，4.0ft/s（1.22m/s）
		D6179 方法 C	旋转下降，一个影响两种截然相反的基地边缘 6 英寸（0.152m）
2	D 层叠式振动	D4728	"卡车" 私营部门的个人资料，0.52grms，持续 180 分，负载堆叠 top. A
3	A 装卸机械	D6055 方法 A	拿起，围绕测试的运输，卸载，5 个周期
		D880 程序 B	横向影响四面，4.0ft/s（1.22m/s）
		D6179 方法 C	旋转下降，一个影响两种截然相反的基地边缘 6 英寸（0.152m）
4	B 仓库堆垛	D642	压缩托盘负荷到 2880 磅（12800N）F=4.5

注：A 替代振动测试配置，1：测试 2 充分托盘负荷高，或使用自重荷载模拟上层托盘负荷，2：测试一个自重荷载 480 英镑的容器以模拟在容器底的负载堆叠。

举例二：

产品的测试与举例一中的是一样的，除了产品将通过 LTL 分装系统单独运输外，且没有储存多个集装箱高。此外，该软件包内部四面覆盖不超过 12 英寸（0.3m），且没有托盘和刹车。测试计划如附表 20-4 所示：

附表 20-4　测试计划

序号	测试进度	测试方法	标准
1	A 操作指南	D5276	一次跌落在顶部，两次跌落在邻近的底部边缘，两次跌落在底部对角，一次跌落在底部
2	D 叠加振动	D4278	货车 PSD 轮廓，052grms，每个相邻面和顶部有永久负荷的底部 60min；负荷重等于每 D4169 计算得到
3	F 任意荷载振动	D999 方法 A1 或 A2	底部 20min，每个邻近面 10min
4	J 集中碰撞	D6344	在包裹的每个侧面集中碰撞 一次跌落在垂直边，两次跌落在侧面，一次跌落在顶角，一次跌落在相邻顶边，落差 7 英寸（178mm）
5	A 操作指南	D5276	一次跌落在底部，落差 14 英寸（355mm）

6. 重新进行模拟运输试验的条件

（1）产品方面的变更，如产品设计、尺寸或材料；

（2）生产包装过程的变更，如产品制造、组装或填充；

（3）包装的变更，如包装材料、尺寸、重量、材料或包装部件。